博士たちのエコライス
いのちはぐくむ農法で米作り！

小池恒男

滋賀県立大学 環境ブックレット8

博士たちのエコライス
いのちはぐくむ農法で米作り！

目次

まえがき ……………………………………………………………… 4

1 稲のごく「普通」の作り方 ……………………………………… 6
　慣行作のバリエーション
　私にとっての稲の慣行作
　そして今日のいわゆる慣行稲作

2 「いのちはぐくむ農法」とは何か ……………………………… 12
　農法とは何か
　稲作を取り囲む自然環境
　私たちがめざした稲作とその農法
　　　　―開出今教育研究圃場プロジェクトのめざしたもの―

3 ざっと見、稲作の1年 …………………………………………… 24
　稲作の基本にある圃場の整備―田んぼがなければ稲作はできません―
　開出今の圃場がかかえていた問題
　稲作にとっての水と土
　元肥施肥から収穫作業まで

4 ビジネスモデルは実現できたか ………………………………… 42
　収量はどのように推移してきたか
　食味なんてあてにならないか
　なぜ経営成果が問われるのか

5 私たちがめざした農法とその評価 ……………………………… 51
　何ができて何ができない
　冬季湛水はなぜ行きづまった
　不耕起栽培はなぜ行きづまった
　紙マルチ田植え技術

6 米作りは誰にでもできますか …………………………………… 68
　「自家栽米」について考える
　わが家ではどれだけお米を食べるか

「自家栽米」は可能か
「マイ田んぼ」「オーナー制度」という形もあります
　　　—「可能な限り自ら生産に取り組みましょう」という
　　　　　　　　　　　　　　　呼びかけについての意味—
生活空間や山々と混在してある日本の田んぼ
日本農業の比較優位から見えてくるもの

7　あとがき …… 79

冒険の記録、絶望の記録、驚きの記録、そして希望の記録
お世話になったみなさんへ

■単位について
一般面積換算表

a：アール	ha：ヘクタール	㎡：平方メートル	㎢：平方キロメートル
1	0.01	10m×10m＝100㎡	0.0001
10	0.10	100m×10m＝1,000㎡	0.0010
30	0.30	100m×30m＝3,000㎡	0.0030
100	1.00	100m×100m＝10,000㎡	0.0100
1,000	10.00	100m×1,000m＝100,000㎡	0.1000
10,000	100.00	1,000m×1,000m＝1,000,000㎡	1.0000

お米の重量と容量の単位換算表

重量kg＼容量	袋	俵
30	1	0.5
60	2	1

一般的な重量換算法

g：グラム	kg：キログラム	t：トン
1	0.001	0.000001
1 000	1.00	0.001
1 000 000	1,000.00	1.000

まえがき

　私の専門分野は農業経済学です。プロの農業生産者ではありません。また、滋賀県立大学環境科学部には農業の専門家が、それも博士号をもっている専門家がたくさんいます。でも彼らもまた、プロの農業生産者ではありません。研究のために、実験圃場で米作りをする場合はあります。また、プロの農業生産者のところに行って米作りについてのデータを集めて、それらをもとに栽培方法や経営の方法について論じたりすることはあります。でも自分で農業経営を行う経験はほとんどありません。そんな「知識はいっぱいもっている」、でも「経験に乏しい」博士たちが、実際の農業経営、それも米作りの農業経営に挑戦したら一体どういうことになるでしょうか？　この小さな本はそういう危なっかしい冒険の記録なのです。

　滋賀県立大学のお隣に、「開出今教育研究圃場」（**写真1**）という2.40haの水田があります。この圃場は同じくお隣の開出今集落のみなさんが所有する田んぼです。ところが全国どこでも問題になっているように、開出今でも農業に従事する皆さんの高齢化が進み、しかも後継ぎが現れないようになりました。このまま放置すると、この田んぼが「休耕田」になってしまいます。そしていったん休耕田になった田んぼを、ちゃんとしたお米の収穫できる元の田んぼにするには、また大変な努力をしなくてはなりません。

　そこで開出今の皆さんから「開出今の田んぼを大学の教育研究に使ってもらえないか？」との話が持ち込まれました。もちろんこのような申し出は、私たちにとっては大変に魅力的でありがたい申し出でした。隣り合わせの位置に2.40haもの広い田んぼを使って教育・研究に使わせてもらえるなんて……、なんせ、私たちがこれまで実験用に使ってきた田たんぼは82 a しかなかったのですから……。

　それにこの田んぼを、大学で農業を学ぶ学生たちの教育と研究に使うのですから、学生にとっても私たちにとっても「夢ある稲作」にする必

要があります。そこで、この田んぼで行う農業を「いのちはぐくむ農法」で行おうと考えたわけです。

しかも「農業」として行うためには、きちんと収益を生まなくてはなりません。手間をかけ、夢のある農法を使ったとしても、採算割れではこの農法を継続することはできません。「夢ある稲作」はまさに冒険だったのです。

写真1　滋賀県立大学の隣にある開出今教育研究圃場

この小さな本では、大学の先生たち（博士たち）が知恵を集め、プロ農家のアドバイスと協力を得ながら「いのちはぐくむ農法」に挑戦した顛末を紹介します。後にくわしく述べますが、「化学肥料を使わずに」、「農薬を使わずに」米作りを行い、しかも「田んぼの景観が美しく」、そのうえ「おいしいお米を収穫する」ことにこだわったのです。こんな夢物語が簡単に実現するわけがありません。この小さな本では、私たちの泣き笑いを含めた、汗と涙の経験を可能な限りそのまま赤裸々に語りたいと思います（ときどき理屈っぽくなりながら！）。

2015年4月現在、開出今教育研究圃場の一部（20ａ）を使い、大学2回生たちが授業の一環として米作りを行っています。彼らなりに夢をもち、「化学肥料を使わずに」、「農薬を使わずに」、米作りに挑戦しています。無農薬ですから、夏には雑草退治に必死に取り組まなければなりません。若い人たちの嫌がりそうな仕事ですが、この授業で田んぼに向かう彼ら彼女らの表情は、実に生き生きとしています。「いのちはぐくむ農法」の米作りには、初めて農業にふれる若者たちの心に訴えるものもあるのかもしれません。読者の皆さんに、その一端を感じ、受け止めていただけるなら幸いです。

2015年4月

小　池　恒　男

1
稲のごく「普通」の作り方

慣行作のバリエーション

　作物のごく普通の作り方を一般的に「慣行作」といいます。第2章のこだわりの「いのちはぐくむ農法」を理解しやすくするためには、普通の作り方と対比させてその違いを明確にすることがもっとも手っ取り早いのではないかと考えたわけです。しかし作物を稲作に限定したとしても、三つの点において作り方の一般化が困難です。つまりそれを稲作に限定したとしても、普通の作り方は一つには時代とともに変化するという点がありますし、二つには地域によって異なるという点があります。三つには、今日のように突出した大規模稲作経営が出現してきますと、たとえ同じ地域であっても、零細な規模の農家のそれとは大きく異なる作り方にならざるを得ないという点があります。

私にとっての稲の慣行作

　実のところ私に稲の普通の作り方を説明する資格はないのです。理由は簡単です。それは私が経験的には「いのちはぐくむ農法」しか知らないからです。正確に言えば、私の知っている普通の稲作は私の中学生、高校生時代に体験した、長野県の伊那谷・上伊那地方の稲作なのです。それは、苗代田で苗づくりをし、それを本田(実際に苗を植え付け、育て、収穫する田)に植え付けます。

本田は春先にあらかじめ耕起しておきます（それも三本鍬で手で耕すのです）。本田に入れる肥料は、それこそ畦畔（田と田の境。あぜ）や里山の下草を刈り取った刈敷（山野の草樹木の茎葉を緑のまま田や畑に鋤き込むこと、またはその材料）が主体で、そこにわずかな石灰ないしは石灰窒素を振り撒くというものでした。そこに用水を引き入れて全体を浸水させ、代かき（土を水でならして田植えの準備をすること）をします。刈敷を素足で踏み込むわけですから足は痛いに決まっているわけで、そこで木製の「大げた」を履いて刈敷を鋤き

写真1　苗代準備では、区画の端の部分を残して真ん中を砕土し、鏡のように平らに均す（1978年、長浜市木之本町で国友伊知郎氏撮影）

込みます（「大げた」は長野県のわが家の実家の蔵にはなお実物が残されています）。わずかな石灰、石灰窒素の撒布なのですが、それでもドジョウが苦しんで水面で暴れていました。

　代かきが終わりますといよいよ田植え作業です。代かきをすませた本田に、腰に下げた「びく」（竹で編んだかご状のもので、現在ではむしろ釣り用具の一つとして存在をとどめている）に何束かの稲苗を入れて泥田に入ります。左手に苗束を握って、右手で苗を2～3本摘み取っては泥田に植え付けていくというのが当時の田植え作業です。

　冷涼な気候の長野県においてはとくに田植え直後の水管理が重要です。夜間に水を入れて、早朝に水止めして、昼間に水温を上げるという用水管理、水漏れ防止の用水管理で、しばらくは「雨が降ろうと風が吹こうと」の毎朝、毎夕の水見が欠かせません。

　同時にこの時期に、今はまったく姿を消した二つの重要な作業が

あります。一つは、畦畔での大豆の栽培です。かつては田の畦畔という畦畔で大豆栽培が行われていたのです。当所ではそれを畦豆と称していました。まず畦畔の両側（内側と外側）に棒で等間隔に穴をあけていき、そこに２粒の大豆の種子を入れます。土で簡単にふたをしますが、作業はそれでおしまいで、畦畔の草刈りはしますが、そのほかは畦豆に関する手入れの必要はありません。米の収穫後に、枯れて乾燥した大豆を畦畔から抜き取って、わらでくくって「はさ架け」して、乾燥後に打って実を落として大豆を選り分けて取り出して終わりです。大豆は各家庭の大切な１年分のみそ造りの貴重な原料になりました。

　もう一つ、当所には、田植え後に鯉の稚魚（体長２cm前後）を放流して、秋の落水前に体長10cm以上に成長したものを捕獲するという田鯉という特有の取り組みがありました。農家の各家には池があって、その10cm余りに育った鯉をその池で２年ほど育てて食用にするという循環です（稚魚から数えると３年かけて育て上げることになります）。

　というわけで、改めて水田というものについて考えてみますと、米以外に植物性の蛋白質（大豆）、動物性の蛋白質（鯉）をも獲得するきわめて貴重な財産であったわけです。

　さて稲作の田植え後の作業に戻りますと、なんといっても田の中の雑草退治、畦畔の草刈りが続きます。暑い盛りのこの二つの繰り返しの作業はなかなか大変なものでした。畦畔の草刈りは２〜３回、かがみこんでのこの作業は、暑さとの闘いでした。しかしそれにもまして、田の中の稲株の畝間、株間の雑草をそれこそ這いつくばって取り除く作業は、何はともあれ腰が痛くなって大変な作業でした（田の草取り）。それに加えて、稲の穂先が顔にチクチクと刺さるわけで、それを避けるために顔に網目の面をかぶって田の中を這い回

るわけです。この作業が最低2回、これに最低1回の「ひえ抜き」作業が加わります。最も一般的な水田の雑草である、ひえはイネ科の植物ですから、苗の段階では稲と見分けることがむずかしいのです。また、稲よりも強健ということですから、ひえは雑草の中でも別格の雑草で、農家にとっては「目の敵」でした。しかし、出穂後には田に入るべからずという原則が重んじられていました。

写真2　刈り取った稲を束にして天日で干すための「はさ架け」作業（1980年、長浜市余呉町で国友伊知郎氏撮影）

　出穂後まもなくの頃に、各種の「すずめよけ」の防護策が必要でした。こうして振り返ってみましても、現在行われている穂肥、実肥等の追肥はまったくなかったということになります。あとはいよいよ収穫作業ということになります。

　収穫作業ももちろん手作業でした。刈り取ってはだいたい三つかみずつ重ねていって、ある程度刈り進んだところで、それをわらでくくって束ね、それを「はさ架け」して、2週間ほど乾燥させてから脱穀（稲穂の米の外皮である籾を落とす）するという手順です。「落穂拾い」も必ずやったものです。これが、今ではほとんど見られなくなった自然乾燥の手順です。脱穀作業は莚（わらで編んだ大型の敷物）の上で、足踏み脱穀機を使って行いました。かき集められた籾を唐箕（米籾に混ざった粃〈実の入っていない籾、籾がら、わらくず等〉を除去するいわゆる調製作業をとりおこなう農具）にかけて、混雑物を取り除きます。混雑物を取り除いたもみを叺（わら莚を二つ折りにしてつくった袋）に入れて、蔵の一角に設置された貯蔵庫に運び込みます（籾貯蔵）。

自家消費する場合は、必要量の籾を取り出して、近所の農協の精米所にもっていって精米するということになります。

　このようにみていくと、60年前の長野県伊那谷の上伊那地方の稲の普通の作り方の三つほどの特徴が浮かび上がってきます。一つは、現金を出して購入する生産資材は、わずかに石灰、石灰窒素のみだという点です。刈敷の材料も「はさ木」もみな里山からの自賄い、莚も叺もみなわら製品で自賄いといった調子です。第二に、病害虫防除が皆無という点、第三に、脱穀機も唐箕も農具の中では相対的に大きな農具ではありますが、動力をまったく使用しないという点です。しかし逆に言えば、ここで登場した道具、材料の類の多くのものがもはやまさに死語になりかけているということを痛感せざるを得ません。

そして今日のいわゆる慣行稲作

　ここでは滋賀県の南部における農協が提供している標準的な「水稲稲作ごよみ」を参考にしながら、稲の普通の作り方を示しておきたいと思います。

　わが国の稲の栽培方法では、近年、直播栽培が徐々に増加する傾向にありますが、主流は移植栽培です。移植栽培は奈良時代に始まり平安時代に主流となったとされています。その移植栽培の一般的な流れは、「春耕に始まり、種まき・育苗→本田への元肥の施用→耕起・砕土→代かき→移植→追肥→除草→収穫・脱穀→乾燥・調製→袋詰め→出荷（貯蔵）となり、本田の秋耕で終わる。また、本田期間をとおして水管理や病害虫の防除が行われる」とされています[注1]。こうしたわが国の水稲栽培の大きな特徴として、主要作業が大型機械一貫体系によって成り立っているという点があげられま

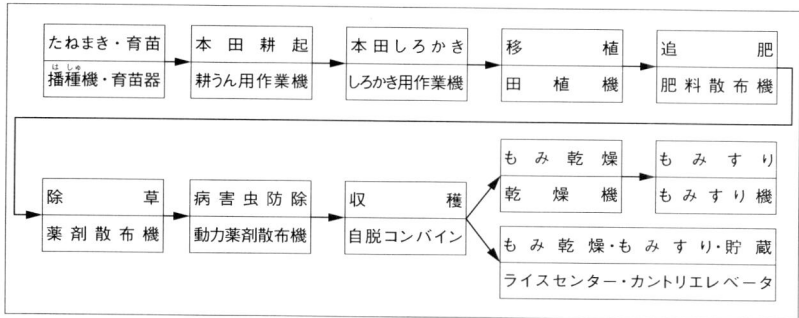

図1　水稲移植栽培の機械化一貫体系の例（出典：堀江隆編著〈2004〉『新版　作物栽培の基礎』農文協, pp87）

す。図1はその一例を示しています。

　前項で詳しくみた1950年代後半（昭和30年代前半）における長野県伊那谷・上伊那地方の水稲の慣行作と比較してみると、いかにもシンプル、いかにも機械化依存ということになります。一方、以下の第2章、第3章でみるこだわりの「いのちはぐくむ農法」と比較するとどういうことになりますか、ここでの慣行作を確認していただいたことによって、その「こだわり」をより鮮明に理解していただけることになれば幸いです。

注1） ここで大きく抜け落ちているのは、本田期間に5～6回に及ぶ畦畔の草刈り作業ですが、これは本田の外の作業だからという理由によるものと思われます。そうだとすれば、収穫以後の作業も本田の外の作業ということになります。

2
「いのちはぐくむ農法」とは何か

農法とは何か

　この小さな本では、農業や米作りに関心をもっている人たちや、これから農業や米作りについて勉強しようとする人に対して、「化学肥料や農薬、除草剤などを使わない米作り」についてやさしく説明することをめざしています。でも、まずここで、あえて「もっともむずかしい話」をしようと思います。それは、「農法とは何か」です。
「農法」とは、おおざっぱな言い方をすれば、「農業のやり方についての考え方」です。「農業のやり方」そのものではなく、それについての「考え方」です。私たちが取り組んできた米作りについて、その「農業のやり方」を説明することはそれほどむずかしいことではありません。でも、「その考え方」について説明しようとするとむずかしくなってしまいます。
　私たちの田んぼは、滋賀県彦根市の開出今というところにあります（図1）。もしこの田んぼが九州のある場所にあったり、あるいは北海道の米作地帯にあったりしたとするなら、いま私たちが行っていることをそこでそのまま行うことはできないでしょう。つまり、農業を行う場合には、その農地が「地球上のどこにあるのか」（むずかしく言うと、地政学的位置づけ）を考えなくてはいけません。つまり、その土地が「どのような気候風土のもとにあるか」（気候風土による

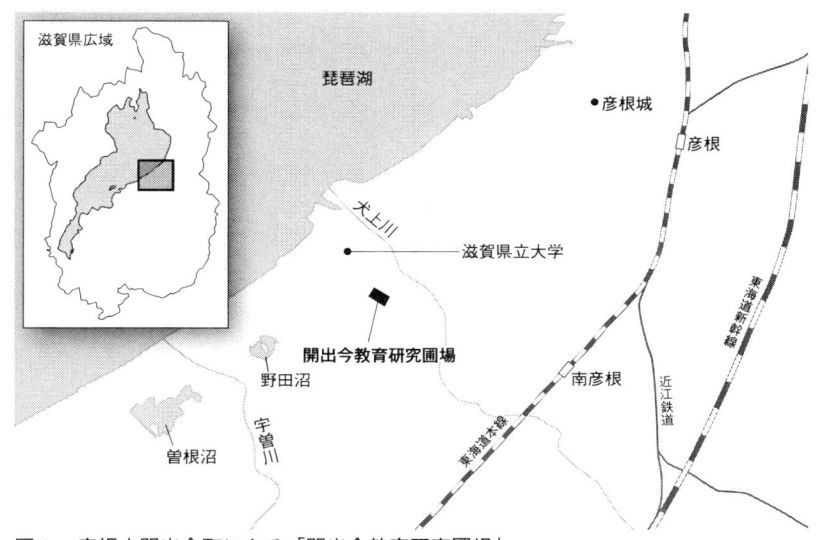

図1　彦根市開出今町にある「開出今教育研究圃場」

規定条件)のみならず、その気候風土のもとで「どのように歴史的に形成されてきたか」(歴史的理解)を考えなくてはなりません。しかも「考え方」を理解するのですから、それぞれの土地の地政学的位置づけに対して、研究者たちがどのように理論化し体系化してきたのか(体系的把握)等々について説明しなくてはなりません。研究者たちがつくり上げた理論を理解するのは、一般的になかなか骨の折れることです。

　いろいろな研究者がいろいろな理論体系を考え出していますが、ここでは田代洋一先生の「農法論」を参考にして考えていきたいと思います。田代先生は「農法」をつぎのように定義しています。含蓄深い言葉なので、そのまま引用します[注1]。

「農法とは、養分の吸収や太陽光線の集光のために競合する雑草に打ち勝つとともに、連作障害を引き起こす病虫害をさける作物のた

めの〝自然力を利用したシステム〟である」

　農作物を田畑で作るのですから、自然の力を利用しなくてはなりません。ところが、自然の中には、作物にとっての害虫もいますし、病気を起こす菌もあります。また、田畑には雑草も生えています。作物は、雑草に打ち勝つ、病気を起こす菌や害虫から身を守り、そのうえで自らが育っていかなくてはなりません。ほかにもいくつか大事な点がありますが、これらのことをまとめて述べるならば、上記のような定義になるのです。この定義をふまえるなら、農業を行うためには「地力(ちりょく)維持（養分補給）」を行い、「雑草防除」を行い、また「病害虫防除」を行わなくてはなりません。

　田代先生は、ヨーロッパでの畑作農業の歴史的展開をふまえて、畑作農業には二つの農法の特徴があると述べています。それらは以下の通りです。

　　1．地力維持のために、有畜農業（養分提供のもととなる糞尿を産み出す家畜の飼養を前提にした農業のあり方）を行う。
　　2．地力回復、雑草防除、病虫害駆除のため、休閑(きゅうかん)（地力の回復を図るために１年間作物の作付けを行わずに圃場(ほじょう)を休ませること）と休閑耕（休閑中に耕起(こうき)すること）を行う（二圃式(にほ)、三圃式(さんぽ)、穀倉式(こくそう)ノーフォーク農法）

　ところが、水田の稲作は、ヨーロッパでの畑作農業とは大きく異なります。この点に留意して、田代先生は水田農業に対して入念な検討を行いました。その際、田代先生は「水田農業は畑作農業と出自を異にする」ことを基本的見解として示しました。つまり、「水田での農業は、畑作での農業とは根本的に異なっている」というのです。いったいどういうことでしょうか。

　田代先生は、水田農業が畑作農業と根本的に異なる理由として以

下の四つの点をあげています。
1. 水稲は根への通気組織をもつ「抽水植物」なので[注2]、酸素供給を土壌団粒に頼る必要がない。
2. 水もちを良くし、田植えを容易にするために代かきを行い、マクロ団粒を破壊してミクロ団粒化する。
3. 水田は貯水池として土壌浸食を防ぎ、湛水により塩類集積を防いで土壌を保全する。
4. 畑作農業が「自然力を利用したシステム」を必要としているのに対して、水田農業ではそのシステムを水が果たしてくれる。

つまり、稲は畑で栽培される植物とは根本的に異なる種類の植物であるうえに、水田という畑とは異なる環境で栽培されるのであるから、「自然力の利用の仕方」も「水の役割を引き出したもの」になる、というのです。そのうえで、田代先生は水田での水の役割には以下の四つがあると述べています。
1. 灌漑水は養分を供給し、また田面のラン藻類が空気中の窒素を固定して窒素供給を行うとともに、土壌肥沃度を保つ。
2. 湛水が雑草を防除し、それでも生える雑草の除草を容易にする。
3. 湛水をともなう還元状態が[注3]、連作障害を引き起こす好気的な土壌微生物を除去し、連作を可能にする。
4. 水が砕土効果をもつとともに、保温効果を発揮する。

このように考えていくと、水田での稲作がいかに畑作と異なるか、また水田農業にとっての水の大切さがわかってきます。そして、このような検討をふまえて、田代先生はつぎのように結論づけました。
「ヨーロッパの畑作農業が歴史的に追求してきた〝農法〟の課題は、水田農業においては、水田と灌漑施設の造成を通じて初期条件的に確保されてきた。そして水田・灌漑施設は大小の社会集団による集

団労働により造成され、かつ社会集団的利用を行うという、文字通りの社会的共通資本として存在する」

つまり、「水田を造り、そこに水を導く灌漑施設を造ることで、ヨーロッパの畑作では他のさまざまな方法で克服しなくてはならなかった問題を乗り越えることができた」、「しかもその設備を作成・維持するために、人々は個人ではなく社会で対応してきた」というのです。水田農業の特長がよくわかるまとめ方だと思います。

ところが、日本の水田農業は、この「水田農業の特長」にあぐらをかいてしまったような点があります。田代先生は、この点について以下のようにきびしく指摘しています。

「水田農業は、その初期条件からして環境保全型農業としてすぐれているが、しかしそれは決して完成型としてあるわけではない。多くの農法課題が水によって対応可能だったために、残るのは養分の補給のみとなり、そこから化学肥料に対する反応性の高い品種を育成し、それにぎりぎりまで化学肥料を多投して収量増を求める偏肥主義に陥った。その意味で水田農業はリービッヒ農学の優等生だったが(注4)、自然循環性の点では劣等生である。はやりの有機農業も外部からの投入物を無機から有機に替えるだけでは水田農業の体質を変えることにはならない」

つまり、日本で行われている水田農業では、化学肥料を多投して米の収量を増やすことに血眼になってしまい、水田のもつ「自然循環の力」をおろそかにしてしまった、というのです。また、私たちは「化学肥料よりも有機肥料を用いた方が自然にやさしい」と考えがちですが、これについても「他の場所でつくった有機肥料を投入するだけでは本質的な解決にはならない」、「田んぼのもつ自然の力を引き出したことにならない」というのです。田代先生のこの指

摘に、私たちは十分に学ばなくてはなりません。

　水田には水を張るために、水田土壌は酸素の少ない嫌気的な状態になります。嫌気的な水田では酸素を必要とする土壌伝染性害虫が集積することができません。このため、何百年と同じ圃場で水稲生産を続けることが可能です。つまり、水田は非常に優れた持続可能な農業生産方式です(西尾、2005)。しかし日本の水田は、化学肥料や化学農薬の多投入の弊害をまぬがれないうえ、除草防除のためには除草剤なしには手に負えないという現実があることもまた否定できない事実なのです。

　そういう意味では、水田農業にはなお農法転換の課題が残されています。外部から投入する養分(つまり肥料)を減量したり、除草剤を使わない雑草防除法をあみだしたりするなど、新しい方法を考えなくてはなりません。そのため、例えば除草剤を使わずに雑草を減らす方法として「深水管理」や「紙マルチ田植え」(P.31参照)などの方法が考え出されていますが、この技術はいまだなお完成型からは程遠い水準にあります。

　また、乾田化、田畑転換など、新しい考え方も出されていますが、これを実現するためには、一定の経営規模を確保しなくてはなりません。なぜならば、もっとも退治がむずかしいとされる水草系の雑草クログアイを根絶させるためには、1～2年休耕して、夏季に2回程度荒起こしする方法がありますが、その場合には田の水を切り、可能な限り田を乾燥させることが前提条件になります(乾田化)。また、水草系の雑草の退治、永続的な養分補給のためには田作物と畑作物とを交互に作付けることが必要となります(田畑輪換)。このような対応は当然のことながら、休耕や収益性の低い作物の導入をともなうことになりますから、経営としては収益の維持拡大のために一定

の面積規模の拡大が必要になります。

　田代先生の指摘は非常にきびしいものですが、同時に含蓄に富み、魅力あふれるものです。田代先生が提起していることは、単に「無化学肥料・無農薬での水田農業を行う」だけではなく、「田畑輪換までをも取り込んで環境保全型農業を行う」ことにほかありません。私たちは開出今の田んぼで、それも2.40haの広さをもつ田んぼで、8年間も「化学肥料を使わず」に、「農薬を使わず」に米作りを行ってきました。まさに悪戦苦闘の8年間でした。ところが、田代先生の提起は、「それではまだ足りない」と言っているのにひとしいのです。私は、「そこまでしなくては農法としての真の環境保全型農業を実現することはできないのかもしれない」と実感することができます。しかしその一方で、「それは、生産者にとって、あまりにも過酷な課題ではないか」とも思うのです。さらには、農業について研究している研究者さえもが、「あまりにも困難で、放棄してしまっている研究課題」ではないかとも思わざるを得ないのです。

　私たちの米作りについて、これからくわしく述べていきます。「化学肥料を使わずに」、「農薬を使わずに」米作りを行ったことで、うれしい出来事もあった半面、大きな問題に直面し、どうしたらよいかわからなくなったこともたびたびでした。田代先生の理想とするような水田農業など、まだまだはるかに遠い状態です。「理想の農法への道のりははるかに遠い」と、現在は愁い嘆く心境にあります。私たちの米作りの記録から、この実感が少しでも伝われば幸いです。

稲作を取り囲む自然環境

　可能な限り自然の力を活かす、この考え方は本当に大切な考え方です。しかし、「自然との共生をめざして」というのはかっこうい

いのですが、実のところそれは「自然との闘い」そのものではないかというのが実感なのです。そこで改めて、稲作を取り囲んでいるまさに私たちの周辺にある自然環境についてまず確認しておきたいと思います。日本という国の自然環境について、とりあえず可能な限り手短かに語るとすればどんなことになるのでしょうか。

　日本は、太平洋の西の端に位置する島国であり、気候は北海道と本州の高原地帯が亜寒帯、南方諸島の一部が熱帯、これ以外はすべて温帯に属しています。国土の66.4％が森林という山国です。島国である日本を取り囲んでいる海流は、日本列島の南側を黒潮（日本海流）と呼ばれる暖かい海流が流れ、北からやってくる親潮（千島海流）と三陸沖から常磐沖でぶつかっています。一方、黒潮の分流である対馬海流が対馬海峡から日本海側に流れ込んでいます。

　このように海に囲まれた島国であるためにわが国の気候は海洋性気候と位置づけられ、気温変化が穏やかで降水量が多いという点が第一の特徴点としてあげられます。第二に、わが国が中緯度の大陸の東岸に位置して季節風（モンスーン）の影響を強く受けるという点があげられます。そして、国土が細長いために南北の温度差が大きく（第三の特徴）、列島の中央を走る山岳地帯を境に太平洋側と日本海側とで天候が大きく異なります（第四の特徴）。私たちが身近に感じている気象条件はつぎのようなものです。

　冬には冷たい北西の季節風が吹き、日本海側は雪が多く、太平洋側は晴天に恵まれて空気の乾いた状態が続きます。気候の変化は次第に北上して、冬から春、春から夏へと移り変わります。長雨の梅雨の後、晴れが多く高温多湿の夏を迎え、8月後半の残暑と入れ替わりに秋雨と台風の季節を迎えます。

　その中にあって農地は、国土のわずかに13.2％を占めているに過

ぎませんが、その農地の54.3％が水田、普通畑が25.6％、牧草地が13.5％、樹園地が6.7％となっています。ここで取り上げる稲作は、この水田で作られ、そして数え上げてきたような立地条件、気候風土、気象条件等々の自然環境のもとで育てられます。

私たちがめざした稲作とその農法
―開出今教育研究圃場プロジェクトのめざしたもの―

　開出今教育研究圃場プロジェクトの基本は、2.40haの水田で、無化学肥料・無農薬、通年湛水・不耕起（収穫後の田畑を耕さずに種をまいたり苗を植えたりする。土壌侵食の防止や作業の省力化などの利点がある）等を内容とする農法での稲作栽培です。同時に、このような農法による稲作が経営的に成立するものでなければ現実的な意味は半減するわけですから、もう一つの課題としては、当然のことながら経営としての成立条件の確保が求められます。つまり、農法としての成立と経営としての成立という二つの条件についての検討が求められます。

　さらに、農法の課題に加えて付随的技術として、慣行作より昨期を遅らせる（田植えの時期を、慣行作の5月初旬を6月初旬に）、疎植にする（苗箱採用量を慣行作の22箱を16箱に、1株1～2本植え、株間・畝間広幅植え）技術の採用があります。

　経営としての成立という課題にかかわって、生産されたお米の特長（セールスポイント）としてさらに、主として消費者向けには、①犬上

写真1 「魚のゆりかご水田」事業の第一の形態。おなかに卵をもったニゴロブナの親ぶなを水田に放して、産卵・孵化させて、秋の落水時まで田で育てた後、琵琶湖に戻すという方法。その親ぶなの棲家を作っているところ

川の冷たい伏流水で育てた、②無化学肥料・無農薬で育てた、③「魚のゆりかご水田」注5)で育てた、④「花咲く景観水田」注6)で育てた、⑤良食味を求めて育てた、等々の点をアピールすることにしました。

写真2 「花咲く景観水田」とは、畦畔が憩いの場でもあるべきとの考えのもと、畦畔に花を植える試み

そしてビジネスモデルとしてわかりやすく、①「いのちはぐくむ農法」で、②単収(10a〈10m×10m〉当たりの収穫量)8俵(480kg)とって、③食味値80以上を獲得して(静岡製機の食味計)、④1俵3万円で売る、の四つの目標をかかげることにしました。「いのちはぐくむ農法」とは、ここでは無化学肥料・無農薬と通年湛水・不耕起栽培の二本柱の技術的条件と、二つの付随的技術と、五つのセールスポイントのすべてを含む概念として設定しました。有機とはもともと、「生命力を有する」の意味であり、有機的なものとは「生命を有するもの」の総称です。したがって、有機農業は「いのちはぐくむ農法」なのですが、しかしながらわが国において有機農業は、周知のように2006年(平成18)の有機農業の推進に関する法律によってすでに法的概念として、ここでいうところの「いのちはぐくむ農法」とは異なるものとして定立されています注7)。このことをふまえてここでは、法律で定立されている「有機農業」とは異なるものとして「いのちはぐくむ農法」としました。この場合、「いのちはぐくむ」とは、生産者の健康といのちであり、消費者の健康と安心であり、そして田んぼにいる生き物たちのいのちすべてを含めて「いのちはぐくむ」なのです。

注1）田代洋一「農業・農村の存立意義」、梶井功編著（2011）『日本農業の再生を求めて「農」を論ず』．農林統計協会．とくにその第3節「畑作農業と水田農業」26-35pp.
注2）抽水植物とは、浅水に生活し、根は水底あって、茎・葉を高く水上に伸ばす植物。
注3）還元とは湛水などによって土壌中の酸素が少なくなり、活動する微生物の種類が好気性細菌から嫌気性細菌へと変化し、連作障害を引き起こす好気的な土壌微生物を除去して連作を可能にします。嫌気性細菌とは無酸素条件下で生育する細菌のことです。ですから水田を湛水状態にすることによって、土壌は酸素の少ない還元状態となり、その無酸素状態で活動する嫌気性細菌によって連作障害が抑制される。だからこそわが国の縄文後期からの稲作が連作を重ねて今日まで保持されてきたということになります。
注4）リービッヒはドイツの化学者（1803—1873）、近代農学の祖と言われる人。1870年に『有機化学の農業及び生理学への応用』を著し、植物の成長に対する腐葉土の重要性を否定した。1841年には、植物には窒素N、燐酸P、カリウムKの三要素が必須であるとし、植物の成長速度や収量は、必要とされる栄養素のうち、与えられた量のもっとも少ないものにのみ影響されるという「最小律の法則」を提唱した。さらには、「農業における進歩は厩肥からの解放によってのみ可能である」と強調した。その後、養分以外の要素、水、日光、空気などの条件が追加され、現在では、それぞれの要素、要因が互いに補い合う場合があり、最小律は必ずしも定まるものではない、とされるに至っている。
注5）滋賀県は2005年度（平成17年度）から「魚のゆりかご事業」に取り組んでいます。この事業には三つの異なる方法があります。第一の形態は、お腹に卵をもったニゴロブナの親ぶなを水田に放して、産卵、孵化させて、秋の落水時まで田で育てた後、琵琶湖に戻すという方法。第二の形態は、稚魚を水田に直接放魚する方法。残る第三の方法は、魚道をつくって川筋で田んぼと琵琶湖とを直接結びつける方法です。本圃場では、2007年には第一の親ぶなの放魚のみ、2008年は第一と第二の二つの方法を採用、2009年、2010年、2011年は第二の稚魚の放魚のみ、2012年は紙マルチ田植えのため放魚を中止しました。
注6）「花咲く景観水田」とは、畦畔が憩いの場でもあるべきとの考えのもと、畦畔に花を植えつける試みです。この8年間、圃場B3の東側畦畔をお花畑にしてさまざまな花を咲かせています。
注7）有機農業の推進に関する法律は有機農業に対して以下のような定義を与えています。

（定義）第二条
　　この法律において「有機農業」とは、化学的に合成された肥料及び農薬を使用しないこと並びに遺伝子組み換え技術を利用しないことを基本として、農業生産に由来する環境への負荷をできる限り低減した農業生産の方法を用いて行われる農業をいう。

　　一方、農業分野における憲法ともいうべき食料・農業・農村基本法は第四条「農業の持続的発展」で、農業を持続的に発展させる条件として望ましい農業

構造の確立と農業の自然循環機能の維持増進の二つの条件をあげています。そしてその農業の自然循環機能に、「農業生産活動が自然界における生物を介在する物質の循環に依存し、かつこれを促進する機能」という定義を与えている。そしてその上で、第三二条「自然循環機能の維持増進」で「国は、農業の自然循環機能の維持増進を図るため、農薬及び肥料の適正な使用の確保、家畜排泄物等の有効利用による地力の増進その他必要な施策を講ずるものとする」とうたっている。

　ここでは環境保全型農業については、「農業のもつ物質循環機能を活かし、生産性との調和等に留意しつつ、土づくり等を通じて化学肥料、農薬の使用等による環境負荷の軽減をめざす持続的な農業」（『世界農林業センサス』における定義）、と定義しておきたいと思います。農業生産活動は、自然界における生物を介在する物質の循環に依存するとともに、この循環を促進する機能を有しており、これを総称して農業のもつ自然循環機能といっています。この意味からしますと、環境保全型農業はこの「生物を介在する物質の循環を促進する」機能の発揮を意識的に追求する農業技術またはその体系（農法）ということができます。

3

ざっと見、稲作の1年

稲作の基本にある圃場の整備　—田んぼがなければ稲作はできません—

　開出今の圃場は、2005年（平成17）12月に私どものプロジェクトチームのメンバーと地元の24人の地権者との間で、2006年6月を始期とする貸借関係が結ばれ、2007年から作付けが開始されました。ですから2014年（平成26）をもって8年間稲作に取り組んできたことになります。今から思えば、何から何まで行きあたりばったりで、たいした見通しももたずに、ただただ前進あるのみで、それほどの力みもなく、ただたんたんとやってきたというのが実感です。むしろ周りで見守り、手を差し伸べていただいた皆さんの方が、はらはらどきどきものだったのではないかとすまない気持ちでいっぱいです。

　その典型が圃場の整備の問題でした。一般的な圃場は30 a（縦100 m×横30m）の大きさです。ところが、借り上げ前の圃場は10 a区画のコンクリート畦畔で区切られた24筆（区画）の圃場だったのです。しかもいくつかの圃場はさらに5 a区画に仕切られていました。2006年6月に刈り取られた麦作の跡地を、2007年の稲の作付けに向けて2006年の秋口から圃場の整地に取りかかる必要がありました。ところが、農協の作業受託グループをはじめとして、そのような小区画の圃場の整地のためのトラクター作業の引き受け手はただの一人もいないというきびしい現実にいきなり直面することになりました。

3　ざっと見、稲作の1年────25

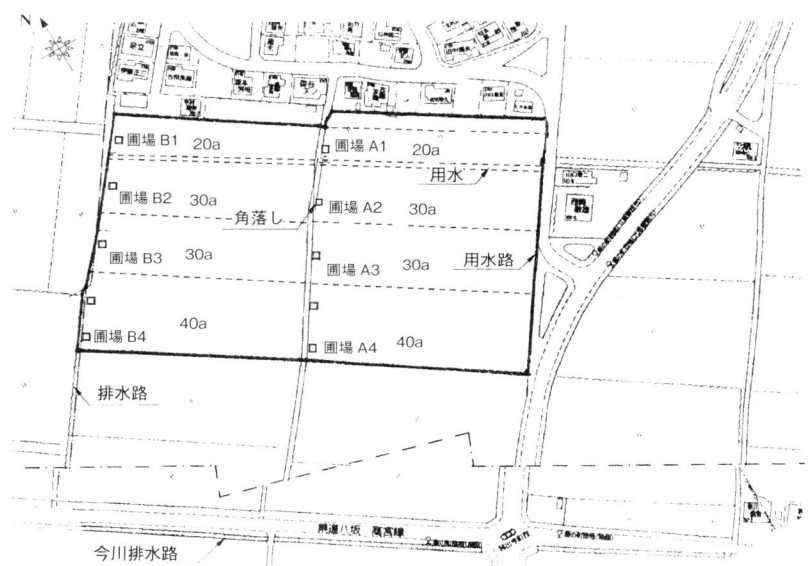

図1　圃場整備の完成と開出今教育研究圃場の分布（24筆から8筆に。□印は角落し〈P.36〉の位置を示している）

　途方にくれる思いでしたが、ここに至っては前進あるのみと考えるほかはなく、思い切って急遽、圃場整備の実施を決断しました。2007年産の作付け直前の春に完成したのが図1に示す圃場整備田です。20a区画の圃場が2枚（圃場A1、B1）、30a区画の圃場が4枚（圃場A2、A3、B2、B3）、そして40a区画の圃場が2枚（圃場A4、B4）です。
　総事業費は372万8,260円、10a当たり15万5,344円でした。これについては、償還期間10年として、年々37万2,826円、10a当たり1万5,534円の費用を初年度から償却費として見積もることとしました。教育研究圃場ということで、学生や子供たちが観察、採集に行き来しやすいように、思い切って幅50cmのしっかりした畦畔を造成しました。
　この田んぼの整備（土地改良事業）には大変な時間とお金をかけた

のですが、おかげさまで2.40haの田んぼすべてが1ヶ所に集まっているわけです。つまり日本では滋賀県の大中の湖とか秋田県の八郎潟等の干拓で生まれた圃場以外には存在しないような大面積の圃場が、いわゆる「農場」を形成してあるということですから、すばらしく恵まれた田んぼができあがったということになります。これには、研修でおみえになった兵庫県のコウノトリ米生産グループの皆さんからも賛嘆の言葉をいただきました。山間部の棚田で、分散した田んぼで稲作に取り組んでおられる皆さんからみれば、これほどうらやましい田んぼの条件はないのです。

開出今の圃場がかかえていた問題

　それなのに、この圃場整備が見かけだけだったということは大きな見込み違いでした。もちろん形が整うことも大切なことなのですが、やはり中身も問題なのです。実はこのことが私どもが当初にかかげた「いのちはぐくむ農法」の行方を大きく左右することになったのです。つまり、私たちの開出今の田んぼの多くが湿田だったということです。このことを事前に知っておかなかったことが致命的だったのです。

　さてそこで湿田について説明しておかなければなりません。そして湿田について説明しようとしますと、稲作とは切っても切れない重要な技術としてある「湛水」について説明しなければなりません。類似の用語として、田畑に水をそそぎ、土地をうるおすことという、より一般的な用語として灌漑という用語があります。これに対して湛水は、土壌表面に水を張ること、あるいはまたその状態をさしています。湿田とは、地下水位や排水路の水位が高く、また粘質な土壌のために、年間を通じて作土が乾くことが少ない排水不良の水田

の状態をいいます。上記の定義からも明らかなように、湛水は灌漑の一つの方法としてあるということになりますが、湿田は非灌漑のもとにあっても（当然のことながら非湛水のもとにあっても）土壌を乾かすことのできない水田ということ

写真1　2007年の圃場整備のようす（現在の圃場B1）

になります。しかし開出今の田んぼは以上の説明では説明しきれないというのが実感です。そしてそれには根拠があったのです。

　地元では「しょうず」と呼ばれているのですが（漢字では「生水」と書きます）、もちろん辞書には載っていません。しかし必ずしも開出今だけの言い方でもなさそうなのです。私はてっきり犬上川の伏流水と思っていたのですが、辞典等で調べますと地理学的にははっきり伏流水とは異なるものとされているようです。開出今集落にとってはこの「しょうず」はまさに命の水ともいうべきものであり、琵琶湖岸の集落としても非常に珍しい事例ですが、かつては集落のほとんどの家で家庭用水として使われていたということです（現在でも昔からの住居にはその施設がほぼそのまま残されていますし、部分的にはなお使用もされています）。要するに湧き水なのです。したがって開出今の田んぼは地下水位が高い上に、この「しょうず」という厄介な湧き水があって、部分的ではありますが（圃場B2の一部）、それこそ一年中湿田状態にあるのです。

　説明が長くなりましたが、そういうわけで、第二次の土地改良工事が必要になったのです。工事は、2010年（平成22）から2011年にかけての秋冬に実施された畦畔造成・排水改良工事です。目的はもちろん湿田対策です。この点については後の第5章でくわしくふれま

すが、2010年産米の刈り取り作業が困難をきわめ（圃場B2、B3にコンバインが入れない状態）、このままでは2011年のコンバインによる刈り取り作業は実施不可能と宣言され、何らかの改善策が必要になったわけです。そこでとくに圃場B2、

写真２　40ａの圃場A4（2007年３月）

B3の排水溝を拡張して掘り下げ、関係する畦畔をずらして造成するという工事を実施することとしました。総事業費は113万5,548円を要しました。それにもかかわらず期待された効果は上がらず、結局、2011年は人海戦術の手刈り作業に頼らざるを得ないという最悪の結果を招くことになりました。

　そこで2011年から2012年にかけての秋冬に、さらに第三次の土地改良工事を実施しました。それは、もはや2012年にはとくに手に負えない湿田の圃場B2の20ａ、圃場B3の15ａを囲い込んで休耕するための簡単な仮の畦畔の造成と、仮の排水溝の造成という軽度の工事で、総事業費も９万685円という小額のものでした。結果的にはこの工事が効果をあげ、2012年のコンバイン作業はこれまでになく容易なものとなりました。この結果をふまえて、今後の展望としては、これ以上の費用をかけて無理な乾田化を図るよりは、むしろ湿田に適した作物を選択するという方向に向かうべきではないかという考えに傾いていきました。

　いずれにしても、開出今の圃場に対する三次に及ぶこれらの土地改良投資は想定外のものでした。それは費用負担という点ばかりではなく、後にみるように、この開出今教育研究圃場プロジェクトがかかげた農法の基本に決定的なダメージを与えたという点でも大き

な出来事でした。

稲作にとっての水と土

　さて、開出今の田んぼでの稲作のあり方に決定的な影響をもたらすことになった土地改良ですが、この土地改良とのかかわりでみておかなければならないのは、稲作にとってとくに重要な意味をもつ用水と土壌の関係についてです。

　第2章でみましたように、湛水は第一に、湛水によって田んぼの土壌が還元状態(酸素の少ない状態)になり、そのことによって嫌気的な土壌微生物が好気的な土壌微生物を除去し連作を可能にしています。第二に、養分を田んぼに運び込んでくれます。第三に雑草の生育を抑えてくれます。第四に圃場を平らにし、とくに寒冷地にあっては保温効果を発揮します。

　一方、田んぼの土壌はどのような役割を果たしているのでしょうか。土壌は地球の皮膚ともいわれます。地球の中心部までの深度は6,400kmです(半径)。中心部から内核(固体)があって、外核(液体)があって、その厚さ(半径)は3,500kmとされています。それにつづいてマントル層が2,900kmの厚みを擁して核を囲み、このマントル層の体積は地球の82％を占めています。ときに溶岩として地表に噴出するマグマはマントルの一部とみなされています。その外側に大陸域で20kmから50km、海洋域で12kmとごくわずかな厚さで地球をおおっているのが地殻です。さらにその地殻の最上層に皮膚のように限りなく薄く張り付いて存在しているのが土壌なのです。組成は地殻表面の母岩が風化、崩壊したものに腐植などが加わり、気候や生物などの作用を受けて生成されたものであって、それこそが作物を育てる土地であり、土壌なのです。土の大きな役割は、一つには、養分や

表1　開出今教育研究圃場の稲作の一年

実施時期	主な作業
10月中下旬	圃場ならびに圃場周辺の清掃
10〜12月	施肥と秋起こし（魚粉撒布と浅起こし）
4月20日	揚水開始・水張り
4〜5月	花の植え付け
5〜6月	代かき、田植え
6〜8月	畦畔草刈り・用水管理
9月初め	落水
9月中下旬	最後の畦畔草刈り
10月初め	収穫、乾燥調製、検査、保管倉庫への搬入
11月下旬	食味の鑑定

水分の貯蔵庫としての役割、そして二つには、植物体を支える根の張る場所を提供します。

元肥施肥から収穫作業まで

1）魚粉撒布・浅起こし

　ここでは表1で示される稲作の主要な作業の一通りを、暦の順を追ってみていきたいと思います。

　当年の秋の収穫作業を終えて、田んぼと田んぼの周辺の清掃をすませ、翌年の生産に向けて開始される最初の仕事は、施肥と秋起こし（耕起）です。ただし表2で明らかなように、初年度は田んぼの肥沃度がわからないため、とりあえず無肥料でいきましょうということになりましたので施肥せずでスタートしました。その後の施肥は表2に示すとおりですが、2007年の単位面積当たり収量5.13俵を確認したうえで、これは少し土作りしなければいけないなということで、10a当たり2tの乾燥完熟牛糞を投入することにしました。3年目の2009年以降は、サン愛ブレンド社の乾燥酵素魚粉を前年度の

表2　投入資材の施用量の推移（10 a 当たり）

年産 \ 資材	抑草資材（乾燥醗酵おから）	施肥 肥料名	施肥 施用量	備考
2007	50kg	投入せず	0kg	
2008	50	乾燥完熟牛糞	2,000	
2009	50	乾燥酵素魚粉	150	
2010	50	乾燥酵素魚粉	100	
2011	50	乾燥醗酵魚粉	120	
2012	投与せず	乾燥醗酵魚粉	165	＊
2013	投与せず	乾燥醗酵魚粉	153	＊
2014	投与せず	乾燥醗酵魚粉	180	＊

注1）乾燥醗酵おからは2012年より紙マルチ田植えに切り換えたために投与を中止
　2）乾燥酵素魚粉の仕入先はサン愛ブレンド社

単位面積当たり収量をにらみながら施用してきました。

　つぎに秋起こしですが、魚粉が細かい粉末ですので、できるだけ撒布後すみやかに浅起こしすることが望ましいわけです。でも、収穫後の圃場がご承知のようにどろどろでしかも深くて大きなうねりが生じている状態なので、そもそも秋季に浅起こし作業の実施が可能なのかどうかが危ぶまれるのです。このことは今日に至っても変わりません。そこを辻哲さん（P.80参照）に無理を承知で引き受けていただいているという状況が続いています。年内に魚粉撒布・浅起こしができないということになりますと、春先までこの作業が先送りされることになります。

2）代かき・田植え─雑草抑制のために紙マルチ田植えを導入

　つぎにみておくべき主要な作業は、ほとんど一連の作業としてある代かき、田植え作業です。代かきは5月10日から25日にかけて、田植え作業は5月末日という日程はほとんどこの間不変です。代かきは田面を均平にして、水持ちを良くすることが基本ですが、もう

写真3　使用前の紙シート

写真4　田植え機に紙シートを装塡

写真5　紙シートの上に苗を植え付ける

写真6　植え付けられた仕上がりぶり

一つの重要な役割はそれまでに生育していた春草を丁寧に鋤き込んで抑草(雑草の生育を抑える)するという役割です。そのためにこの作業は3回繰り返して仕上げるという非常に重要な作業になります。

　私どもの圃場での田植作業は2011年までは通常の機械植え、2012年から紙マルチ田植えと大きく転換しました。その間の事情については第5章で詳しくふれます。紙マルチ田植えは近隣でもほとんど普及していない技術です。

「紙マルチ田植え」は、代かきした田に稲苗を植え付けていく作業という点では一般の「機械植え田植え」とかわりませんが、特製の紙シートを敷いて、その上から苗をつまみもった金属の爪で紙シートに穴をあけて苗を植え着けていく方法です。**写真3**が、軽トラックに積まれた使用前の紙シートです。**写真4**が、その紙シートを田

植え機に装塡(そうてん)しているところです。そして**写真5**が、機械が紙シートを送り出して、その上から苗をつまみもった爪が紙シートを突き破って植え着けているところ。**写真6**は田植え機によって植え着けられた仕上がりぶりを写しています。植え着け後20日ぐらいでこの紙シートは溶けて跡形もなく消えてなくなってしまうのです。この20日間が重要で、この20日間、紙シートが雑草の発生を抑えるのです。もちろんその後に雑草は生えてくるのですが、そのころには稲苗が雑草に負けない程度に育っているというわけなのです。もちろん、紙シートに穴が開いていたり、ズレてしまって隙間ができてしまったりで完全には雑草を抑えきることはできません。それに、その後生えてきたオモダカなどは稲を上回る成長を遂げます。まあしかし、大きく反収(たんしゅう)(1反=10a当たりの収穫量)注1)を引き下げるほどには繁茂しないということです。ですから、「紙マルチ田植え」は一にも二にも雑草対策なのです。

　特殊な技術ですのでそれに先立って2009年に紙マルチ田植えを導入して3年の経験を積んでおられる滋賀県犬上郡(いぬかみ)多賀町木曽集落への実地研修を実施しました。その際の記録を以下で紹介しておきます。

「3日間で4ha余(9筆)、ということで朝8時から開始して、1日約1.70haの作業工程だったということでした。しかし、オペレーターを含めて5人体制で作業を進めてそういう結果だったということで、改めて手間ヒマのかかる農法だと思いました。オペレーターは西澤義雄さん、義雄さんの息子さんと西澤章さんのご主人が両端で紙マルチを装塡、息子さんはそれに加えて苗の積み込み、章さんのご主人と西澤善平さんが両端で地ならし、その他にもう1人が補助員として控えているという体制でした(人物についてはP.78〜80参照)。最

低3人ですが、余裕ある体制としては5人だということだと思います。最後まで見届けましたが、40aの圃場を仕上げるのにやはり2時間を要しました。熟練している5人体制でということです」

　もっとも強く印象づけられたのは、やはり水加減が生命線だということです。ほとんど水深のない状態、それでいて干上がっている状態ではなく、いうならば「ぴしゃぴしゃ状態」ということ。そして田植え後1日はそのままの状態にして（すぐに水を入れるとシートが浮いてしまう）、その後に少しずつ、少しずつ水を入れて、あとは5cm程度の水深を保つというのが水管理の基本のようです。ですから紙マルチ田植えは、田植えそのものにもハイレベルの技術が求められますし、田植え前後の水管理にも細心の注意が求められるということです。さらにその上にもちろん天候に恵まれなければならないということになります。つまり、風が吹かない、雨が降らないという条件がなければなりません。一言でいえば、紙マルチ田植えはきわめてハイレベルの技術が求められる農法だということです。

　2012年（平成24）の田植えは5月30日と31日をもって、無事完了することができました。初めての紙マルチ栽培ということで、心配が尽きなかったのですが、絶好の日和に恵まれたことがすばらしい仕上がりの何よりの条件だったと思います。紙マルチ田植えに関する評価については、長期的な観点で総合的に評価しなければなりませんが、現時点で、つまり紙マルチ田植えに限定していえば、すごくむずかしい高度な技術だということだと思います。つまり、田植え前の水加減、田植え後の水加減がむずかしいということが第一にあります。第二に、田植作業そのもののむずかしさという点です。第三に、天候に恵まれなければいけないという条件も重要です（無風、降雨なし）。この二つの技術的条件、そして最大の条件である天候の

条件、この三つの条件がそろわないとこの技術は成功しないということだと思います。ある意味では、だからこそこの技術が目覚しく普及しないということでもあるのだと思いました。

3）生き物調査

2010年より田植え後1週間というところで開催されることになった水田環境鑑定士講習会について紹介します。それは、滋賀県立大学交流センターの研修室における講義とわれらが田んぼでの生き物調査のフィールドワークを内容とする水田環境鑑定士講習会です（第19回、第1回開催は2004年〈平成16〉）。米・食味鑑定士協会が主催する講習会ですが、第18回までは全国各地で開催してきたのですが、研修室と生き物調査が可能なフィールドがともにそろって備わっている会場を得ることができずに適地を探していたところだったのです。ここでは、はじめてわれらが田んぼの環境鑑定結果を出していただいた第19回水田環境鑑定士講習会における結果を以下に示しておきます。

第19回水田環境鑑定士資格認証講習会が2012年6月8日、9日の2日間、滋賀県立大学交流センター研修室で開催されました。北は群馬県、南は愛媛県、山口県と15府県から18名の参加がありました。

表3　2012年に確認された生き物（水温21℃、曇り—小雨）

ミミズ類	イトミミズ（1）
ヒル類	ビユウドイシビル（1）
クモ類	コモチハシリグモ（1）
甲殻類	アメリカザリガニ（1）
貝類	ヒメタニシ（3）、サカマキガイ（1）、マルタニシ（3）、オカモノアラガイ（1）、ミズムシ（1）、ドブシジミ（3）
昆虫類	ガムシの幼虫（3）、アキアカネの幼虫（3）、ノシメトンボの幼虫（3）、ヒメアメンボ（2）、コミズムシ（3）、チビゲンゴロウ（3）、マメガムシ（2）、イナゴの幼虫（2）、シリョウリウバッタの幼虫（3）、セスジツユムシの幼虫（3）
魚類	ドジョウ（3）
両生類	トノサマガエルのオタマジャクシ（3）、アマガエルのオタマと生体（3）
鳥類	マガモ（3）、チョウサギ（3）、アオサギ（3）、ツバメ（3）、ケリ（3）

谷幸三先生の指導のもと、われらが圃場でフィールドワーク「生き物調査」が実施されました。その調査結果を以下に記録しておきます。

確認された生き物(動物)は表3の28種でした。( )内数値は協会が設定している環境評価点。

総合得点は、合計67点で、環境評価Aでした(60点以上がA、90点以上が特Aです)、5年の蓄積は大きいですね。アキアカネ(赤トンボ)の幼虫は昨年に引き続いての確認でした。

4) 畦畔草刈り

田植作業が終わりますと、ただただひたすら畦畔の草刈り、畦畔ぎわの雑草退治ということになります。畦畔草刈りは田植え前に1回、田植え後に4～5回といったところです。2.4haの圃場の畦畔草刈りで熟練の辻さんで3日間を要します。草払い機による機械作業ですが、7～8月にかけての草刈りは暑さとの闘いで、私のようなものであれば早朝でも(5時起き、6時30分作業開始)3時間が限界です。私なぞはほとんど毎回熱中症にかかっているような状態です。しかし田んぼの畦畔は学生や子供たちが列をなして歩く道でもありますし、深水管理の前提条件としての堅固な堤防

写真7　角落し(かくおとし)
用水の取り入れを水口(みなくち)、用水の出口を水尻(みなじり)といい、その水尻に用水をせき止める目的で設置された構造物を「角落し」という。「角落し」の両側の柱に縦溝を設け、その縦溝に板材を何段も重ね合わせてはめ込んで水位を調整する。稲作には用水が欠かせないが、「角落し」はその用水を管理するきわめて重要な施設。写真の「角落し」は現在の圃場B3の水尻に設置されたもの。圃場A4、B4にはそれぞれ2ヶ所、他の圃場には各1ヶ所、合計10ヶ所の「角落し」が設置されている

でもありますし、田んぼの生き物たちにとっては子づくりの場、隠れ場所、休息の場でもあり、稲作にとっては大切な大切なものであるわけです。

　畦畔ぎわの雑草退治は、紙マルチ田植えの場合に特別な意味をもっています。田の中の雑草はマルチによって抑えられたとして、残るは畦畔から田の中へと入り込んでいく雑草が問題になります。その代表選手が、規模の大きい稲作農家に嫌われている茎が水面を這うように広がってくウキシバ、アシカキ、キシュウスズメノヒエの類の雑草です。この作業は手作業でしかできない作業であり、暑い夏場のつらい作業の一つです。2回できればまずまずです。

5）水管理・落水

　紙マルチ田植えの田植え直後の水管理が重要なことについては先に述べた通りですが、この時期のもう一つの頭痛のたねは水不足問題です。開出今地域は用水を地下水のポンプアップの揚水に依存しています。開出今集落の最長の中干し期間は、6月21日から7月18日までほぼ1ヶ月に及びます。1ヶ月遅れの田植えのわれらが圃場はその時期はまだまだたっぷり用水が必要な時期です。この時期の天候にもよるのですが、毎年この時期の水不足には頭を痛めます。

　そして収穫時期が近づきますと一斉に落水ということになります。これは収穫作業に備えて田を乾かしておく必要があるからです。開出今集落は長期にわたって落水は8月30日と決めています。

　われらが圃場もそれから2週間から3週間遅れで落水します。作業としては水口の堰止め、出口の堰切りということになりますが、この作業はことのほか大変なのです。なぜならば用水の取り入れ口（水口）が11ヶ所、排水口が10ヶ所ですが、それぞれその周辺の20mの草刈り、取水口にはそれぞれ土盛りが必要だからです。

6）収穫作業

　落水が終わりますと、あとは収穫作業を待つばかりということですが、この間に最後の畦畔草刈りが入ります。2.4haの収穫作業は大型のコンバインがフル稼働すれば2日間で済ませることができます。収穫作業の時期は早い年で9月末、通常は10月に入ってからと決めています。これは、近隣地域の収穫作業がすでに9割方は終わっているというきわめて遅れた時期の収穫作業といえます。作業工程としては2日間で済むのですが、もちろん気象条件、圃場条件、施設での籾の乾燥・調製の進み具合との関係で実際には数日間に及ぶことになります。

　収穫作業が終わりますと、後は乾燥、調製、そして検査を済ませて貯蔵・保管施設である琵琶倉庫（犬上郡豊郷町）に搬入という手順になります。これらの作業はすべて安居助廣さん（P.81参照）に任せきりになりますので、こちらとしてはそんなにバタバタすることはありません。まあこれで、苦難のこの年を乗り越えることができたと感無量の思いに浸る瞬間です。そしてまた、ごく当たり前に、周辺の清掃、魚粉撒布、秋起こしと次年産に向けての作業が始まります。

写真8　稲刈り後、稲束を運ぶ学生

7）米・食味分析鑑定コンクールへの参加

　最後に残されているのが米の食味の鑑定です。1年かけて作ったお米の食味は私たちのビジネスモデルの四つの目標にかかわる重要なポイントです。第1回の米・食味分析鑑定コンクールは、1999（平成11）年11月に滋賀県立大学で開催されました。いまや4,000を超え

る出品（検体）を誇る日本一のこのコンクールの主催者が米・食味鑑定士協会ですが、その第1回の開催地が滋賀県立大学だということを知る人はあまりいないかもしれません。そして2014年（平成16）で第16回を迎えるに至っています。私と協会との付き合いはそれ以来ずっと続いています。そして私どもが稲作に着手した2007（平成19）年からコンクールへの出品を開始したというわけです。それが第9回のコンクールで開催地が島根県仁多郡奥出雲町だったのです。

写真9　2009年、第11回の米・食味分析鑑定コンクール表彰式（福島県天栄村）

「ご出品ありがとうございます。総数2,103検体の中で見事、最終審査にノミネートされました。11月24日㈯のコンクール会場（島根県奥出雲町）では金賞もしくは特別優秀賞どちらかの表彰状と記念品の贈呈をさせていただきます。ご多忙のこととは存じますが、大会要項にありますように必ずご参加くださいますようお願い申し上げます」

これが、このコンクールで私どものお米が最終審査にノミネートされたときにいただいた通知文です。さてその後、最終的にどうなったのかといいますと、私どものお米の食味値は83で、食味検査（官能テストという審査員が実際に食してスコアを付けるテスト）、ヒノヒカリ部門で第1位のスコアを出して品種部門（ヒノヒカリ部門）で金賞を獲得してしまったのです（全体の金賞受賞者は、総合部門で15名、品種部門で12名）。

というわけで、2007年11月24日には島根県奥出雲町で金賞を授与されました。開出今教育研究圃場ディレクター小池恒男ということで右代表として壇上で表彰状を受け取ってまいりました。晴れがましいことでした。ただし、なんだかんだと言っても、食味計でスコア83を出したということはすばらしいことで、この原因について今考えていることは以下の２点です。

① 開出今の伏流水の水温が低いということ。新潟県の魚沼でも高温障害なので、水温を下げるために必死になって掛け流ししていると聞きましたので（一種の水争い現象が起きているということでした）、今や低水温は良食味の必要条件になっているといえるのではないでしょうか。

② やはり低単収であったということが食味に影響するということでしょうね。単収５俵/10ａ^{注2)}ですからね、食味の良かったのは当然といえるかもしれません。来年の目標設定をどうするかですね。（2007年12月７日、小池記）

　なお、滋賀県の農業高校の「良食味米作り」における奮闘ぶりについて付記しておきたいと思います。2014年の青森県南津軽郡田舎館村で開催された第16回のコンクールで全国農業高校「お米甲子園」で滋賀県の長浜農業高校が抜群の成績で見事、最高の金賞を射止めました（品種は「にこまる」）。加えて、山形県東田川郡庄内町で開催された別のコンクール（第８回あなたが選ぶ日本一おいしい米コンテスト）の高校生部門で湖南農業高校が高校生部門で優秀金賞を受賞しました（品種は滋賀県が売り出し中の「みずかがみ」）。

　最後になりましたが、地権者と使用契約を結んでからの９年間を振り返って、各年のトピックスを表４のように整理しておきました。

表4　各年のトピックス一覧

年次	トピックス
2005	12月、地権者との使用契約を結ぶ
2006	秋口より圃場整備に着手、2007年3月完成
2007	作付け開始（無肥料）
2008	乾燥完熟牛糞の投入
2009	元肥を乾燥酵素魚粉に切り替え
2010	貯蔵先を安居農産から琵琶倉庫に移す。第17回水田環境鑑定士講習会の滋賀県立大学での開催始まる
2011	動力除草機の導入。人海戦術手刈り大作戦、単位面積当たり収量3.86俵/10aに沈む
2012	紙マルチ田植えに切り換え。土地改良冬季施行のため圃場B2、B3の30aを休耕。単位面積当たり収量、一気に7.61俵/10aに引き上げる．紙マルチ田植えを実施したため、「魚のゆりかご」事業は中断
2013	紙マルチ田植え2年目（作付面積1.90ha）。マコモダケ試作（圃場B2の0.20ha）。クワイの試作（圃場B3の10a）。安心な食べものネットワーク「オルター」さんとの取り引き始まる
2014	畦畔草刈りの遅れをみかねて豊郷町の田中良典さんが乗用草刈機で一気に片づける（8月末）

注1）「反収」とは1反（10a）当たりの作物の収量のことで、「単収」は注2参照。

注2）「単収」とは一定面積当たりの作物の収量。「/10a」とある場合は10a（1反）当たりを意味するため、「反収」と同じ値となる。開出今周辺の慣行作による平均収量9俵（540kg）/10aに比べてかなり低い。

4

ビジネスモデルは実現できたか

収量はどのように推移してきたか

　8年間の収穫量の推移は図1に示すとおりです。品種は一貫してヒノヒカリ(九州を中心に西日本で広く栽培されている、全国第3位の作付品種)ですが、2011年(平成21)より圃場B1(0.20ha)では学生による酒米(山田錦)の栽培が始まっています。2012年のコシヒカリは、同年に紙マルチ田植え(P.31参照)を採用したために疎植(まばらに植えること)ができなくなり、従前の苗が不足をきたし、やむを得ず入手可能であったコシヒカリで補った結果でもあります。ヒノヒカリという品種選択は、病虫害に強く、暑さに強いという単純な理由です。

　図1で明らかなように、収量は周辺の慣行作の平均収量9俵(540kg)には及ばないものの、2007年から2009年にかけて5俵(300kg)、6俵(360kg)、7俵と反収(10a当たりの収穫量)を順調に伸ばすことができました。この間、検査結果もすべてオール1等で品質的にも順調な滑り出しでした。2010年は、夏の猛暑により、全国的にきわめて作柄の悪い年となりました。作況指数は98(滋賀県は100)ながら、とくに品質面で1等米比率が62%(滋賀県40%)で1999年の63%(滋賀県45%)をも下回る、過去に例をみない年となりました。われらが圃場ももちろんこうした全国的な気象条件のもとにあって大きな影響を受けたわけですが、しかしわれらが圃場はさらにそれに加えて4年目を迎えてついに雑草の繁茂に打ち負かされて、収量は落ち込

みに転じ、検査結果はオール3等という惨憺たる結果となりました。
　開出今教育研究圃場プロジェクトと銘打って展開してきた「いのちはぐくむ農法」による稲作の試みは、ここに至って岐路に立たされたといっても過言ではありませんでした。つまり、通年湛水による田んぼの「沼化」（とくに圃場B2、B3）にともなうコンバイン作業の困難化、そして雑草繁茂による減収という二つの致命的な障害に直面するに至ったのです。そこで第3章のP.27でみましたように、第二次の土地改良工事に取り組まざるを得ないことになったのです。しかし図1で明らかなように、2011年の収穫量はさらに落ち込み、反収も4俵（240kg）を切ることになりました。つまり、第二次の土地改良工事は何の成果を上げることもできなかったのです。しかし本プロジェクトがかかげた目的からして慣行作への後退は許されませんし、また一方、4俵というような収量では経営の継続もままな

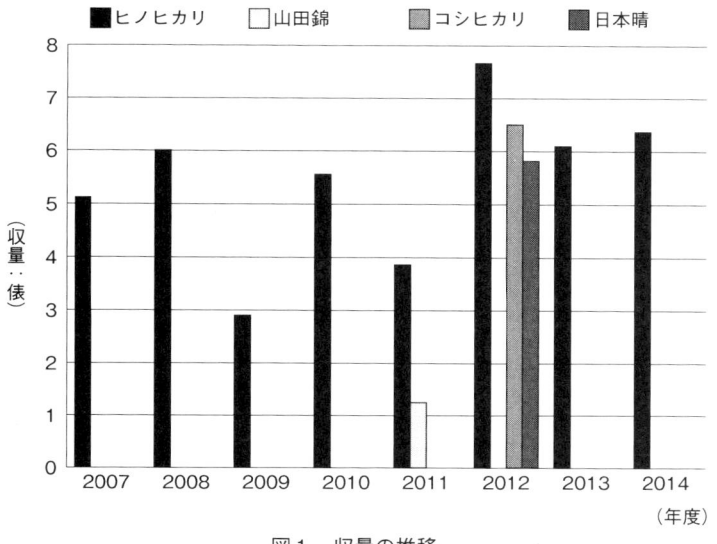

図1　収量の推移

りません。悩みに悩みぬいて2011年の年末にたどり着いたのが、紙マルチ田植えという新しい技術の採用という選択でした。明けて2012年（平成22）1月には、2009年から紙マルチ田植えに取り組んでこられた滋賀県犬上郡多賀町の木曽集落に研修に行き、2012年産に紙マルチ田植えを実施することを正式に決定しました。

　その成果は2012年産にただちにあらわれ、単収で7.7俵（462kg）と、当初にビジネスモデルでかかげた8俵（480kg）に限りなく迫るという予想外の成果を上げることができました。2012年産の作況指数は102（滋賀県も102）で、たしかに2010年の98を上回る作況指数ではありましたが、しかしこの成果が紙マルチ田植えによる雑草の抑え込みの成功によるところ大なることはいうまでもありません。2011年までの雑草は紙マルチによってほぼ完全に抑え込まれたといえます。

食味なんてあてにならないか

　われらが田んぼでとれたお米の米・食味鑑定士協会主催の米・食味分析鑑定コンクールでの食味値の推移は**表1**に示すとおりです。2007年の食味値83はいわばヒノヒカリの食味値の日本新記録であり、われらが田んぼのお米が2007年のヒノヒカリ部門日本一の金賞を獲得するという奇跡が起こったのです。その後も、年々のばらつきはあるものの当初にビジネスモデルでかかげた食味値80以上という目標はほぼ実現できています。当コンクールは現時点では日本最大規模のコンクールであり、2012年には参加は47都道府県に広がり、その検体数は2014年には4,000を突破して4,369検体に及んでいます。2014年の第16回米・食味分析鑑定コンクール：国際大会は、青森県南津軽郡田舎館村で、11月23日、24日の両日に開催されました。

　とりあえずわれらがヒノヒカリの2014年産の全国の出品（検体）状

況と、食味結果についてみておきましょう。まず出品状況ですが、**表1**で明らかなように、2014年産の全国の出品は22府県、133検体となっています。熊本、大分、福岡の九州3県で全体の48％を占めており、ヒノヒカリはやはり九州のお米なのだなということをまず思い知らされます。その中にあって、作付けの北限がついに山梨県にまで北上している点が注目されます（2007年産では滋賀県が北限だったのです。産地も激しく移動しているのです）。九州に次いで近畿の30検体というのも興味深いですね。ちなみに2013年産は19府県116検体ということでした。また、ヒノヒカリの検体数133は、一般検体（全国農業高校お米甲子園部門、外国出品米部門を除く）4,160検体のうちのわずかに3.2％を占めているにすぎません（検体数ダントツの第1位はコシヒカリで、全体の61％を占めています）。

つぎに食味結果についてですが、結果は**表2**に示す通りです。ついにスコア90のヒノヒカリの日本新記録が出たということです（前年までは、昨年のスコア89が最高）。このことは同時に、ヒノヒカリも、ついに総合部門にチャレンジできるところまでスコアを上げてきたということを意味しているのです。そして、スコア80以上が全体の73.6％を占めるに至っている点も注目されます。昨年はこれが45.7％でしたから、ものすごい勢いでレベルアップを遂げているということです。このことが、気象条件によってもたらされた単年度のたまたまの出来事なのか、栽培技術によるレベルアップなのかは、しばらく経過をみないとなんともい

表1　2014年産ヒノヒカリの府県別にみた検体数

	府県名	検体数
1	熊 本	39
2	大 分	14
3	福 岡	11
4	奈 良	9
5	兵 庫	9
6	広 島	7
7	山 口	7
8	滋 賀	5
9	大 阪	5
10	宮 崎	5
11	岡 山	4
12	愛 知	3
13	高 知	3
14	長 崎	3
15	山 梨	2
16	京 都	2
17	鹿児島	2
18	三 重	1
19	愛 媛	1
20	佐 賀	1
	合 計	133

20府県133検体

えないところです。しかしながら西日本の気象条件が悪かったもとでのこの結果ですから、いずれにしも驚異的なレベルアップということになります。

ただし現在は品種部門が設定されていませんのでヒノヒカリの品種部門別の金賞はありません。でも、ヒノヒカリがスコア90を超える食味値を出して、ヒノヒカリがいよいよ総合部門に進出可能になったわけですが、静岡製機株式会社の食味計で計った食味値はいわば第一次予選の関門で、ここで85から90のスコアを出さないと、東洋ライス株式会社の味度計で計った味度値で競う第二次予選に進出

表2　ヒノヒカリの食味値別にみた検体数の分布

食味値	検体数	累積
90	1	1
89	0	1
88	4	5
87	2	7
86	10	17
85	13	30
84	11	41
83	20	61
82	13	74
81	12	86
80	12	98
79	11	109
78	6	115
77	4	119
76	5	124
75	3	127
74	4	131
73	2	133
合計	133	

できないのです。そして第一次の食味値と第二次の味度値の合計が190を超えてはじめて決勝進出というのが、現在のこの米・食味分析鑑定コンクールのルールなのです。

ヒノヒカリの食味値はコンクールにおいて明らかに年々向上していますが、第一次関門の食味値90を超えることができれば、ヒノヒカリも第二次関門に進出することが可能になります。そうなればヒノヒカリにも総合部門での入賞への道が開かれることになるのですが、2014年産でヒノヒカリは食味値90を超えることができましたが、残念ながら二次予選の通過、総合部門の入賞を果たしていません。

さてそこで、われらがヒノヒカリはどうかということになるのですが、よかったです。2検体出品していずれもスコア82でした。つまり上位三分の一には入っているということです。しかし、全体のレベルアップの中で、なんとかスコア80をクリアしているという印

象は免れません。われらがヒノヒカリがスコア83の日本新記録を出してヒノヒカリ部門で金賞をとったのが2007年（平成19）です。そして２年前の2012年の食味値82は、なおこの年のヒノヒカリの137の検体数のうちの３位に位置づくものでした。ですからこの１、２年のヒノヒカリの食味値の向上がいかに著しいものであるかがわかります。

　といっても私は嘆き悲しんでいるわけではありません。むしろ立派だと思っています。よくぞスコア82、「よくやった、よくやった」という感じです。本当に心から喜んでいます。最初にスコアをみたときに、思わず「よかった」と思いました。

なぜ経営成果が問われるのか

　決算がすんでいる2012（平成24）年産米についての経営成果はP.48の表３と表４に示すとおりです。表３で明らかなように、生産費用総額は320万8,828円（10a当たりでは16万7,477円）です。育苗、機械作業はすべてアウトソーシング（外部委託方式）に依存しているのが経営の大きな特徴です。表注にもありますように、その作業労賃割合が生産費用の48％を占めています。ここでもう１点注目しておく必要があるのは、第３章P.25で論じましたように、想定外の土地改良投資にかかわる費用です。2012年産は、第一次の土地改良工事の費用のみの負担ですが、それが償却期間10年の計算で29万5,156円に達しています。

　その結果として表４で明らかなように、営業収益はマイナス15万1,814円という損金を計上しています。2012年の収穫量は8,670kgなのですが、そのすべてを500円（１kg当たり）で売り切れば、売上総額が400万円を超え（433万5,000円）、圃場整備費の約30万円を除く計算

表3　費目分類別経営費の集計2012年（平成24）産米（水稲実作付面1.90haの費用）

費用項目			各費目別金額		備考
			総　額	10a当たり費用	
種　　　苗　　　費			290,934円	15,312円	
光　熱　動　力　費			30,974円	1,630円	
肥　　　料　　　費			280,800円	13,371円	学生圃場20a分のみ差し引く
そ の 他 の 諸 材 料 費			384,092円	20,215円	
自　　　動　　　車　　　費			67,636円	3,560円	
農機具費	大　農　具		65,000円	3,421円	
	小　農　具		2,980円	157円	
賃借料及び料金	作業委託料金	溝　切　り	20,210円	1,064円	
		魚 粉 撒 布	39,600円	2,084円	
		浅　耕　起	225,315円	11,859円	
		本　田　整　地	220,500円	11,605円	
		田　　植	228,000円	12,000円	
		畦畔草刈り	121,260円	6,382円	
		刈 り 取 り	350,000円	18,421円	
		乾燥・調製	347,216円	18,275円	
		小　　計	1,552,101円	81,690円	
	その他借上料金		0	0	
労　働　費	雇　　用		40,000円	2,105円	
地　　　代	支 払 地 代		161,576円	8,504円	50a分を差し引く
環境保全費	花咲く水田景観		2,874円	151円	
生　産　管　理　費			20,715円	1,090円	専門紙購読料等
減価償却費	大　農　具		13,990円	736円	50a分を差し引く
	圃　場　整　備		295,156円	15,535円	50a分を差し引く
合　　　計			3,208,828円	167,477円	

注1）10a当たり費用は、肥料費、支払地代、減価償却費（大農具、圃場整備）以外は作付面積1.90haで計算

2）収量は115.5俵（6951kg）、したがって1俵当たりの経営費は27,782円＝3,208,828円÷115.5俵

3）経営費に占める作業委託料金の割合は48.4%

表4　平成23年産米についての営業収益の計算　2012年（平成24）産米

経費と収益	計算式	金　額	備　考
売　上　総　額　(1)		3,717,634円	
清　算　費　総　額　(2)	表4の合計額	3,208,828円	
農　業　純　収　益　(3)	(1)－(2)	508,806円	
販　売　経　費　(4)		546,101円	
一　般　管　理　費　(5)		114,519円	
営　業　収　益　(6)	(3)－{(4)+(5)}	△151,814円	

をすれば、それだけで計算上はプラスの約47万円の営業収益を実現することが可能であったということになります。さらに、当初のビジネスモデルにさかのぼっていえば、8俵(480kg)とって3万円(1俵当たり)で売るということですから、売上総額は576万円ということになり、計算上は200万円に近い営業収益を上げることができることになります。それが実現できなかった理由はそれゆえに明白であり、8俵の収穫量が実現できていない(7.7俵)、1俵(60kg)3万円という販売単価が実現できていない、想定外の土地改良投資の費用負担が発生した、という三つの理由に尽きています。

　しかしここで評価しておかなければならない点は、単位面積当たり収量7.7俵を実現し、51万円の農業純収益を上げているという点です。これは2010年産米でマイナス43万円の農業純収益であった点と比べると大いなる前進としなければなりません。さらに、営業収益で2010年産米の97万円の損金から15万円の損金への縮小も大いなる前進で、30万円の減価償却費を除いたフローでみれば、すでに益金を出していることにもなります。6年にして、ようやく健全経営にもう一歩のところまできたこという感じがします。

　第二の販売単価に関してはもう少しくわしくみておきたいと思います。2012年産米について、白米で販売した価格を玄米換算して得た販売単価、玄米で販売した玄米の販売単価、そして両者の玄米換算平均価格とを比較しみますと、それぞれ395円、375円、383円となっています(いずれも1kg当たり)。つまり予想に反して、あまり大きな価格差はないのです。このことは卸売と小売との販売価格差にもつながる話です。もともと1俵当たり3万円という売価設定は小売価格を指しているのであって、当然のことではありますが卸さんに対して同額の価格設定ということにはなりません(もちろん、玄米単価、

白米単価の違いもありますが)。2012年における卸販売比率をみますと、数量比では51.4％です(4,455kg÷8,670kg)。卸への販売額は169万3,124円ですから、販売単価は380円(1kg当たり)、1万1,402円(1袋30kg当たり)、2万2,803円(1俵60kg当たり)になります。これに対して、ほぼ小売価格に該当する先にみた「白米で販売した価格を玄米換算して得た販売単価」は、395円(1kg当たり)、1万1,850円(1袋30kg当たり)、2万3,700円(1俵60kg当たり)ですから、わずかながら小売の販売価格が高いという程度の違いしか認められないのです。

　このことからは、卸販売の比率を下げて、小売販売比率を上げるという課題が浮かび上がってきますが、問題はむしろ小売価格が安すぎるというところにありそうです。ですから、価格を引き上げて小売販売を増やすという戦略が必要になります。問題解決はそれほど簡単なことではありません。消費者の直売には、それに先立つ売り先確保のセールスプロモーションの課題が立ちはだかります。加えて、これには当然のことながら、販売手間労賃がついて回ります。今後の課題は、現実的な対応としては、8俵という単収の安定確保(2012年はほぼこの目標を達成しています)、正当な消費者価格、「消費税、送料抜きの500円」の実現ということになります。つまり、2010年の単収5.6俵が2012年の単収7.7俵に引き上げられ、作付面積は0.50haの減少にもかかわらず、収穫総量は8,010kgから8,670kgへと660kgの増加をみているわけですから、いずれにしてこの課題の実現に向けての努力が求められることになります。

5

私たちがめざした農法とその評価

何ができて何ができない

　ここでは農法に関する現時点での評価についてみていきます。第2章P.20〜21での開出今教育研究圃場プロジェクトの「めざすもの」の農法と経営の成立条件について再整理し、現時点での評価について表示しますと**表1**のようになります。無化学肥料・無農薬という点では2007年から2014年（平成17〜24）の8年間に及んで完全実施を貫いています。加えて、二つの付随的技術である作期と疎植（まばらに植える）については、すでに明らかなように、一つは作期を1ヶ月遅らせるという技術で、これについては8年間一貫して実現できています。もう一つの疎植という技術につきましては、2011年産までは完全実施でしたが、2012年における紙マルチ田植えの採用によって、従来の基準をややオーバーして、結果として10a分の苗の不足を来し、やむを得ず10aのコシヒカリの苗を急遽調達したという経過がありましたが、この条件もほぼクリアしたと評価することができます（16〜17箱/10a）。

　問題は、通年湛水・不耕起栽培についての評価です。まず通年湛水に関して、2010年から2011年にかけての秋冬に実施された第二次の土地改良工事（畦畔造成・排水改良工事）のために、2010年から2011年にかけての冬季湛水は断念せざるを得ませんでした。しかしなお、2011年産については一切、中干しを実施しませんでした。そして、

2012年産については紙マルチ田植えを採用したために中干しもまた自動的に中断されました。ということで2012年産、2013年産、2014年産につきましては、冬季湛水は実施せず、中干しは実施ということです。ただし、早期湛水は雑草の生育を抑えるという点においてなお重要な役割を果たしています。したがいまして早期湛水はなお続行中です。

　一方、不耕起栽培につきましては、当初の当面は「浅起こし・浅代かき」という方針のままで現在に至っています。したがいまして評価は、現時点の評価ということで△印の評価としました。

　なお、経営成果につきましては第4章 P.47～50での結論に従いまして△印の評価としました。

　また、五つのセールスポイントについての評価は表2に示すとおりです。「魚のゆりかご事業で育てた」については、2007年には親ぶなの放魚のみ、2008年は親ぶなの放魚と稚魚の放魚、2009年、

表1　開出今教育研究圃場プロジェクトの成立条件をめぐっての評価

農法と経営の成立条件		評価
農法	無農薬・無化学肥料	○
	通年湛水・不耕起栽培	△
	二つの付随的技術	○
経営の成立		△

表2　セールスポイント5点をめぐっての評価

五つのセールスポイント	評価
犬上川の冷たい伏流水で育てた	○
無農薬・無化学肥料で育てた	○
魚のゆりかご事業で育てた	×
花咲く景観水田で育てた	○
良食味を求めて育てた	○

2010年、2011年は稚魚の放魚のみ、そして2012年産以降は、紙マルチ田植えのため中断ということで、現時点の評価は×印です。他の四つのポイントにつきましてはいずれも達成ということで○印の評価です。

冬季湛水はなぜ行きづまった

　問題の冬季湛水、不耕起について順を追って、さらにくわしく実態、原因、評価、今後の展望について詳しくみていくことにします。

　湛水には、①「代かき」から「落水」までの通常湛水(中干し実施)、②早期湛水(兵庫県豊岡市のコウノトリ米生産部会では、中干しは時期を遅らせて実施)、③冬季湛水(中干しも実施しない)、④通年湛水(中干しも実施しない)があります。私たちの田んぼでは、当初は、一年を通じて可能な限り湛水状態を維持するという意味で「通年湛水」という目標をかかげました。この考え方は、2007年産から2010年産まで一貫して実行しました(中干しも実施せず)。ところが、2010年産の収穫時にコンバインが田に入れなくなり、受託作業者から「このような状態が続くのであれば、来年からは収穫作業は不可能」との意向が伝えられました。当作業受託者のみならず、コンバインによる収穫作業は困難と判断せざるを得ない田んぼの状態となりました。理由は二つです。一つは、4年間「通年湛水」を続けたことによって田んぼの「沼化」が進んだこと(このことについては、着手前から全国の多くの事例について指摘されていた点でもあります)。二つには、開出今の圃場が部分的にもともと極度の湿田であったという点です(第3章P.27でふれた「生水」)。皆さんに、その行きづまりの実態を、以下でリアルにしっかりみていただきたいと思います。

1）2010年、コンバインが立ち往生

　2010年10月6日の刈り取り作業の時のことです。作業中の安居助廣さん(P.79参照)から、「圃場 A4を刈り終えて圃場 A3、A2へと進もうとしたところでギブアップせざるを得なくなった」との連絡が入りました。要するに、田の乾きが不十分でコンバインが立ち往生してしまったとのことです。翌7日、6時起きして圃場に駆けつけました。といっても、打つ手はないのです。気休めにすぎませんが、水口を改めて点検して、ちょろちょろ水の流入を食い止めること、他に部分的に溜まっている水(主として水口の周辺)を汲み出すことぐらいです。水が溜まっているのは8枚の田んぼ(P.25図1参照)のうち、圃場 A4、圃場 B1、B2、B3、B4の5ヶ所です。このうち、圃場 A2からバケツ10杯、圃場 B3から25杯、圃場 B4から35杯、圃場 B2から5杯、合計75杯の水を汲み出しました。圃場 B1、B2は完全には汲み出せませんでしたが、圃場 A2、B3、B4については汲み尽くしました。しかし、手遅れですし、効果があるかどうかもわかりませんし、雨が降ればまた溜まってしまいます。そうでなくても、周辺の水が染み出してきてまたもとの田んぼに戻ってきてしまうのかもしれません。まことに心もとなく空しき行いのようでもあります。そして、この後の天候もまた大いに問題です。天気予報では、8日の夜半から降り出し、9日には一日中雨、そして10日の昼まで雨。またも大量の降雨が予想され、田んぼの状態がよくなる見通しはまったく立たないのです。そこへ、9時ごろに辻哲さん(P.78参照)が圃場に来てくれましたので、今後の対策について相談しました。次年度以降の対策については別として、当面の対策としては、より大きな機械で対応するか、人海戦術しかないということです。前者については、安居さんのコンバインが4条刈りなので、6条刈りの

機械を探さなければなりません。これには苦労して、仲介にあたる安居さん、甘呂(かんろ)集落の増田さん(大規模生産者)、ほかにもあたりましたがみな持ち合わせていないとのこと。そこへ8日になって、安居さんから「圃場A3の刈り取り作業に着手しているのだが、今夕からの雨に備えて刈り取った圃場の水尻(みなじり)を閉じておかないと、下の田が水浸しになってしまう」という連絡が入りました。後から知ったのですが、農機具商店から3条刈りのキャビンなしの特殊なキャタピラのコンバインを勧められて、それで10時ごろから刈り取り作業を開始したとのことでした(圃場A3)。私は、ただちに圃場に向かいました。見通しが立たないまま落ち込んでいたところへ何よりの朗報で、本当に飛び上がらんばかりの喜びでした。圃場に着くとコンバインはすでに圃場A3を刈り終え、圃場A2に進んでいました。私はほかの予定を控えていましたので、急いで圃場Aの5ヶ所の水尻を閉じて、固める作業をし、二言三言、安居さんと言葉を交わしただけで、ただちに草津へととって返しました。夜、辻さんに電話を入れたところ、17時過ぎくらいに圃場A1まで刈り取りは終わったとのことでした。雨が降り始めて間もなくというところで刈り取りを終えたということでした。それにしても、より大型のコンバインではなくより小型のコンバインがこの非常事態を救ってくれたというのです。特殊なキャタピラを装着していたというのも大きかったのでしょうが、何はともあれ大変ありがたいことでした。

　圃場Bの刈り取り作業を残して、9日から10日の昼まで雨ということで、まだまだ予断は許されません。

2) 田の水の汲み出し500杯!

　10日、雨が上がるのはてっきり昼からと思い込んでいたのですが、思いのほか朝には上がっていて青空が広がっていました。さっそく

圃場に駆けつけ、田の水の汲み出しに精を出しました。3時間かけ、結果は**表3**に示す通りです。効率としては「1杯/1分」強ということになります。

表3　2010年10月10日の田の水汲み出し状況

		1回目	2回目	合計
圃場	B1	52	35	84
	B2	20	25	45
	B3	28	—	28
	B4	41	—	41
合	計	151	60	211

注1）単位は、杯/大バケツ

　下の田から汲み上げて、農道越しの上の田に流し込むという作業をひたすら繰り返します。「無駄骨」、「気休め」等々いかなる罵倒（ばとう）の言葉もこの私の行為を止めることはできなかったことでしょう。「何もしないではいられない」という悲壮感が私を突き動かしていたのですから。**表3**で面白いのは、1回目は汲み上げつくした量を示していますが、圃場B1の2回目は35杯となっています。つまり約2時間後には同じ場所にすでに1回目の67％の水がまた集水してきているということを意味しているわけです。これを無駄なこととみるか、だからこそ汲み出しには意味があるとみるかです。と、こんなことを一人考えながら、やはり気休めに過ぎない、いや多少は効果ありでは、と思いつつ、いずれにしても笑われようとも自分には今他にできることは何もない、と妙に納得しつつなんでもデータにしてみたくなるのです。

　この作業中に安居さんが圃場に来られました。私の作業をみて、「そんなしんどい作業はやらなくてもいいのではないか。天気予報によればこれからしばらく雨マークは出ていないし、自然に任せておいていいのでは」とおっしゃるのです。まあたしかに、私が何をしようとも結局は自然のままとそう変わりはないのですが……。

　翌日も引き続き田の水の汲み出しと、刈り残しの刈り取り、「隅刈り」のために圃場に向かいました。**表4**は、本日の汲み出しの結果を7日の分と合わせて表示しています。8日から9日にかけての

降雨時間は31時間に及びましたので、汲み出せども汲み出せどもという感じです。圃場B1が昨日の52杯から31杯に減っているのが目立ちます。逆に、圃場B2が20杯から34杯へ、圃場B4が35杯から41杯、44杯へと増えています。これらのことが何を意味しているのでしょうね？　全然意味ないかもしれませんね！

表4　2010年10月7日と11日の田の水汲み出しの実績

		10/07	10/11
圃場	B1	—	31
	B2	(5)	34
	B3	25	27
	B4	35	44
合　計		65	136

　こうして汲み出しと「隅刈り」を繰り返して少しでも圃場Bの刈り取り作業に入りやすいようにと悪戦苦闘しました。汲み出した水は大バケツ500杯になりました。

3）第二次土地改良工事にもかかわらず

　このような状態を放置したままでは、5年目の2011年産の作付けは望むべくもないということで、2010年秋から第二次土地改良工事（畦畔造成・排水改良工事）の取り組みを開始しました。多くの協力を得て、この工事が2011年春、春作業開始直前の4月7日に完成しました。その後の経過は、4月20日に開出今集落のポンプアップの開始日ということで、急ぎ魚粉散布、耕起砕土を済ませて、ポンプアップ開始と同時に圃場の湛水を開始したという経過でした。4月21日現在、湛水状態は圃場Aから圃場Bへと徐々に広がりつつありましたが、しかしその時点で、ほぼ完全な湛水状態に至ったのは圃場A1のみでした。したがって、2〜3日かけて全圃場を湛水状態にもっていけば、代かき開始の5月20日までの、ほぼ1ヶ月間は湛水状態を保持することができるという判断でした（早水湛水）。この早水湛水にこだわるのは、この間の湛水が畦畔ぎわの雑草の生育を抑制する効果があるからです。つまり、冬季湛水にするか通年湛水に

するかは別として、湛水は「抑草(よくそう)」という観点からはなおはずすことのできない技術なのです。兵庫県豊岡市のコウノトリ米生産部会では、「早水(はやみず)」という言い方で「早期湛水」に取り組んでいます(2～3月に水を入れて、代かきまで湛水)。したがって結論的にいえば、厳密には2011年産に向けての冬季湛水はしなかった(できなかった)ということになります。その後は、春先の1ヶ月間の早水湛水、そして田植え後から8月末の落水まで、深水管理を続行しました。

ところが、土地改良工事の実施にもかかわらず、2011年産についてはついに圃場B1、B2のコンバイン作業が実施不可能となり、学生を大動員しての手刈り大作戦(総勢63名)を余儀なくされることになりました。それで2012年産に向けてさらなる土地改良工事について検討せざるを得ないということになり、十分時間をかけて検討することとしました。そのために2011年から2012年にかけての冬季施行ではなく、余裕をみて2012年の夏季施行を想定することとしました。そのために圃場B2とB3の最悪の湿田部分を休耕とし(30a)、仮畦畔を造成して区切り、残りの30aのみで稲作を続行することとしました。そして、再度の手刈り大作戦を回避するために、冬季湛水は中止、春先の1ヶ月の早期湛水は実施、田植え後の中干しは開出今集落の慣行に従い、同じ時期(6月末から7月中旬まで)、同じ期間(1ヶ月間)に実施するという画期的な対応をとりました。その結果、秋のコンバイン作業はきわめてスムーズに実施されました。

写真1　学生たちもカマ持参で参加

紙マルチ田植えの効果と、春先の1ヶ月間の深水管理という選択によって、結果として最高の収穫量を上げることができ、かつ、スムーズな収穫作業が可能になったというのが現在の到達点です。通年湛水を手放しはしましたが、「コンバインが入らないかもしれない」という5年にわたっての不安からの解放感はたしかに大きかったです。

　通年湛水（深水管理）は、その大前提として、まず堅固な畦畔の造成がなければなりません。その上で、かなり高度な水管理技術がともなわなければなりません。さらにいえば、地域の水利秩序に拘束されて水管理が自由にはなりません（完全に思うがままの理想の水管理ができるわけではないのです）。深水管理の抑草効果は、たしかに畑草(はたけぐさ)には絶大なる効果を発揮するといえますが、しかしその効果はコナギ、ホタルイ、オモダカに代表される水草には及びません。加えて想定外だったのは、秋冬季における「比良(ひら)おろし」の強風によって深水が畦畔を削り、畦畔を痩せ細らせてしまうという現象です（致命的な損傷ではないのですが……）。

　これらの評価をふまえて今後の対応はいかにあるべきか、結論的にいえば、田んぼの「沼化」の状態、湿田の状態、雑草の抑制効果をみながら弾力的に対応していくほかはないということになります。経営が成り立つためには、「収穫なしでも通年湛水」というわけにはいかないからです。

4）2011年、学生を大動員しての「手刈り大作戦」

　2011年9月24日、台風15号の影響、そして落水状態が気にかかり圃場にかけつけました。圃場に着きますと、稲はほとんど倒伏(とうふく)らしい倒伏もなく本当によかったです。あとは、田がよく乾いてくれて、コンバインが調子よく走ってくれることを祈るばかりです。周辺の

稲刈り作業は、1割を残しているといったところです。

　落水状態は、今年はよく水切りができており、用水が田んぼに流入していることはまったくありません。また、圃場Aと圃場Bの10ヶ所の出口の状態も点検し

写真2　先生方や学生たちを大動員

ましたが、いずれも良好でした。それに排水対策で敷設したコルゲート管（注1）を通じての排水も機能しているようです。しかしそれでも田んぼの中まではわからないので、今後も念には念を入れて点検する必要があります。

　稲の実り具合は、まだまだ青さが残っているという感じです。全体としては量・質ともに昨年よりはいいかなという感じですが、こればっかりは刈り取ってみないとなんともわかりません。周辺からの話としては、思ったより穫れていない、でも品質は良いということです。

　10月2日、刈り取り時期も近づいていますので圃場の点検、そしてクサネムなどの木質化した巨大雑草の抜き取り、畦畔草刈り等々を考えて圃場に出かけました。クサネムの実は精米しても残って始末が悪いのです。圃場B1、B2、圃場A1あたりを中心に抜き取りました。

　今後の稲刈り作業の日程について安居さんと相談したところ、天気予報を参考に、3日、4日に圃場Aから刈り始め、5日、6日は雨の予報のため、7日以降、様子をみながら圃場Bへ進みましょうということになりました。しかしながら安居さんの見立てでは、圃場Bの排水の状態は昨年同様でかなり悪いとのことでした。辻

さんと私では、「去年より悪いはずはない」という意見で一致していました。第一に、昨年私がバケツ500杯の水を汲み出したような状況は少なくとも今年はないということ。第二に、明渠も暗渠（ふたのない排水溝と、ふたのある排水溝）も掘って、明らかに昨年よりは排水が良好である、というのがその根拠です。しかし2人とも、150万円もかけて改良工事をして、昨年と同様ではたまらないという頭が先にありますからね、あまり公平な判断はできないのです。しかしいずれにしても、圃場Bについては、やはり「入ってみないとわからない」というのが本当のところです。

翌3日は早朝から圃場A4からA3へと刈り取り作業が進められていました。私が駆けつけた13時には、ちょうど圃場A2でコンバイン作業が開始されるところでした。15時までには圃場A1も終え、15時からは圃場B4に進みましたが、本日は圃場B3の途中までとなりました。明日は順調に進めば、圃場B3からB2へ、運が良ければ圃場B1の山田錦も、というところですが、圃場B1については問題が多く、どうなるかわからないという状況です。圃場B3もB2も、やはり昨年同様かなり排水の状態がよくないようです。

刈り取り作業の際にとくに厄介なのがコナギ[注2]です。密生したコナギが機械を詰まらせ、やむを得ず高刈りすると「こぎ」（いわゆる脱穀）が悪くなる、という悪循環になります。圃場Aに関しては、とくにA4、A1のコナギがひどかったとのことでした。しかし昨年難儀した、圃場の「水はけ」に関しては、少なくとも圃場Aに関しては相当改善されたとのことです。圃場Bに関しては、コナギに加えて、やはり水はけが悪くて苦労されているようです。

作業3日目の4日朝、圃場に着きますと、まもなく安居さんの息子さんが現れました。今日は、一日かけて圃場B3、B2を仕上げる

つもりですとのことでした。しかし悲劇はその後に起こったのです。圃場B3の刈り取りを開始して間もなく、刈り取り不能ということで一部を残して圃場B2へ移動することになりました。しかしそこでも縁刈りの途中でコンバインが田んぼの泥沼にはまり込んでしまい、ダウン。後で業者に来てもらってコンバインを何とか引き上げるという最悪の事態に追い込まれてしまいました。結局、圃場B2、B1の刈り取り作業は不可能という結論に至りました。そして、増田佳昭先生、安居助廣さんとその息子さん、辻哲さん、私の5人で話し合って得た今後の対応策は、人海戦術で手刈りして、とにかく稲束を農道に運び出す。そして、コンバインを圃場A2に設置して、そこで脱穀する。その後は、安居さんのところで乾燥・調製をお願いする、というものでした。

　その時点では、ある意味ではまったくあてのない話だったわけですが、増田佳昭先生、須戸幹先生、中江研介さんの大奮闘によりいよいよその大作戦が現実のものになりつつありました。

　10月9日、待ちに待った「手刈り大作戦」の日がやってきました。というか、期待と不安いっぱいの開き直りの、待ったなしの、手刈りというまさに「最後の一手」の「手刈り大作戦」となったわけです。

　圃場へはまず失業中の元社長と私が到着して、その後、安居さん

写真3・4　学生たちも参加して「手刈り大作戦」

と息子さんが現れ、後は続々と学生や教職員が現れ、総勢58人、プラス陣中見舞い3人、取材2人(中日新聞、NPO法人「地域に根ざした食・農の再生フォーラム」)という一大イベントの、「人海戦術手刈り大作戦」とあいなりました。天候にも恵まれました。

　最初に圃場B3(30ａ)のヒノヒカリを総がかりでやってしまい、つづいて圃場B1(20ａ)の酒米・山田錦に取り掛かるという手順を確認しました。それで、コンバインを向かいの圃場A2にすえつけて、刈り取っては農道に運び出し、刈り取っては農道に運び出しては脱穀するという流れで作業を進めました。したがって大きくは、刈り取り作業、搬出作業、脱穀作業を同時に進めることになりました。結論を先に言ってしまいますと、8時45分から12時30分までの3時間25分で圃場B2の稲刈り作業、脱穀作業ともに終了しました。予想では、刈り取り作業が脱穀作業に追いつかないのではないかと思っていたのですが、さすがに56人対2人ということで、脱穀作業が刈り取り作業に追いつかないという状況でした。大雑把にいうと、西から15人、東から20人が刈り取りを進め、20人が搬出する、2人が脱穀作業、1人がわら出し、というそんな共同作業体制でした。もっとも最後は全員で手渡し方式の脱穀作業で仕上げたということになりました。なかなか見事な共同作業でしたし、仕事の仕上がりもなかなか立派なものだったと思います。

　昼休みの休憩後は、圃場B1の山田錦の刈り取りでした。コンバインを向かいの圃場A1にすえつけて、午前と同様の共同作業体制で進めました。13時30分から14時55分までの1時間25分で稲刈り作業、脱穀作業ともに終了しました。ただ、圃場B2はコナギが中心でしたが、圃場B1の雑草はホタルイが多く、それに倒伏もあって、圃場B1の刈り取り作業を困難にしたと思います。しかし、薄植え

ということもあって、作業時間は相対的に短かったと思います。私も最後はだいぶバテバテでした。安居さんの息子さんの予想では、圃場B1の単収は3俵/10aとのことでした。圃場全体の収量は後日でないとわかりません。

　学生の皆さんの活躍ぶりには、正直驚かされました。何をすべきかを一人ひとりが考えての仕事ぶりが見事でした。一般参加者の感想の中には、つぎのような感想を寄せる人もいました。「国会の様子を見ていると、この国の行く末が心配になるが、圃場で働いている学生を見ているとまだまだ日本も大丈夫という気がしてきた」、と。いやあ、本当にね、そう思いましたよ。

　来年に向けての課題もたくさんご指摘いただきました。雑草対策、湿田対策等々、どれも頭の痛い課題です。一方、「人海戦術、手刈り大作戦」はなかなかすばらしいイベントだから、むしろ恒例化すべきとのご意見もいただきました。しかしながら、年々のこのような人海戦術もそれはそれで骨が折れます。イベントとして良くても、経営としてはどうなのか等々、検討の余地がありそうです。こうして、めざしてきた農法の一部、「魚のゆりかご事業」、冬季湛水の取り組みを断念して、紙マルチ田植えに進まざるを得なかったわけで、まだまだ、山を越えて、山を越えて進んでいかなければなりません。

　そして今年の仕事も、今日刈り取った分の乾燥調製、検査、倉庫への搬入、稲わらの処理、一部は搬出、残りは薄く広げて焼却するか。田の中の雑草の処理、とくに圃場B1、B2の伸びた草は刈り取っ

写真5　鎌を持つ姿も様になってきた学生たち

ておく必要があります。そして2012年産に向けての魚粉撒布、秋起こしとまだまだ作業が続きます。

不耕起栽培はなぜ行きづまった

　結論から先に言いますと、なお不耕起をめざしてはいますが、現在は、浅耕起、浅代かきで対応しているということになります。このことはやはり、田んぼの「沼化」とか湿田とかいったこととかかわっ

写真6　畦畔に設置された波板

ていますが、直接的には「抑草」効果とより深くかかわっています。2007年産の5.1俵から2009年産の6.9俵まで順調に平均単収を伸ばしてきましたが、2010年産では5.6俵へと後退させています。このことはもちろん2010年の異常気象によるところが圧倒的に大きいわけですが、しかし雑草に負けている部分が大きい点も認めないわけにはいきません。とくに、圃場B2、B3の状態を見逃すわけにはいきません。そういうわけで、現時点では、まだまだ不耕起には踏み切れない、「抑草」のためにはなお浅耕起、浅代かきが必要と考えざるを得ません。雑草の繁茂には当然のことながら深水管理の不徹底という要因も考え合わせなければなりません。だからこそ、第二次の排水改良工事には漏水対策（畦畔波板の設置）も加えたのです。田んぼの「沼化」、極度の湿田という二つの要因が「いのちはぐくむ農法」を強く規定していることを改めて痛感しているところです。

紙マルチ田植え技術

　付随して、2012年の抑草とその結果としての増収という効果をも

たらしたと思われる紙マルチ田植え(P.31参照)の技術の評価についてふれておかなければなりません。まず最初に明記しておかなければならないのは、当然のことながら、これが何も究極の技術としてあるというのではなく、しかもそれが２年、３年と継続して同様の成果を上げる技術として保障されたものとしてあるというものではないということです。現時点ではあくまでも2012年以降の３年の成果としてあったものとしてみておかなければなりません。

　紙マルチ田植え技術に関して言えることは、田植え作業そのもののむずかしさもさることながら、まず第一にあげられるのは、田植え時の気象条件(風が吹けば紙マルチが剥がされてしまう、雨が降れば紙が破れてしまう)に大きく左右されるという脆さです。加えて第二に、田植え前後の水管理がきわめて微妙で経験に基づく高度な技術が求められるという点です。簡単に記述することはむずかしいのですが、概略は以下のとおりです。

　田植え直前の理想の状態は、ほとんど水深のない状態、それでいて干上がっている状態ではなく、いうならば「ぴしゃぴしゃ状態」であること。そして田植え後１日はそのままの状態にして(すぐに水を入れるとマルチが浮いてしまう)、その後に少しずつ、少しずつ水を入れて、あとは５cm程度の水深を保つというのが水管理の基本です。この水管理がこの技術の生命線なのです。

　第三にあげられるのは、労働集約的な技術であるという点です(手間ヒマのかかる技術)。まずオペレーターが１人、圃場の両端で紙マルチを装填、地ならしする人が２人、苗運び・苗の積み込みに１人、さらに補助員として１人ということで、最低３人、余裕ある体制としては５人体制ということになります。作業時間はおよそ、20a／1時間、1.30〜1.50ha／1日です。資材(紙マルチ)は５〜６本(5.63本)／10a、

単価は3,500円／1本、費用は1万7,500〜2万1,000円（1万9,710円）/10 a です。

　紙マルチ田植えがなお普及性を欠く現状にあるのは、上記のようなハイレベルの技術が求められるという点に加えて、高コストという点があげられますが、さらに根本的な問題としては、第2章P.18で提起されるような、「田畑輪換までをも取り込んだ農法としての環境保全型農業」という観点からみれば、それは、「姑息なあまりに姑息な」、「日本的なあまりに日本的な」技術という評価になると思います。

注1）コルゲート管とは、塩化ビニール樹脂製の管のことで、この場合は、排水を良くするために穴の開いた管を田の中に敷設して、その穴から田の中の水を吸い込んでその管を通して吸い込んだ水を田の外に排出してしまうという排水対策に使用される資材のことです。

注2）コナギはミズアオイ科ミズアオイ属の植物で、ホタルイ、オモダカとともに稲作農家を悩ます三大水草のうちの一種です。江戸時代には食用にされており、ヴェトナムでは今でも食用にされています。除草剤には耐性がないので除草剤を使用している田にはほとんど生えません。しかし無農薬栽培の田には執拗に生え、いのちはぐくむ農法には悩みの強害草です。問題は、成長に際して過分な窒素分を吸収して稲に回るべき窒素を奪い取ってしまうことです。

6
米作りは誰にでもできますか

「自家栽米」について考える

「自家菜園はよく耳にするのですが、どうして自家菜米とは言わないのですか」という問いにはやはり「ウーン」とうなってしまいます。しかしこのテーマについては、少し真剣に考えてみる必要があるような気もします。しかし少し整理してかからないと迷路に迷い込んでしまいそうです。

「自家菜米」に近い言葉としては、自家飯米(はんまい)という言い方があるのですが、これは行為ではなく、もともと農家の人の「わが家で食べる分だけのお米」を意味していると思います。自家菜園についてはもともと農家の人についても、もともと農家でない人についても言われることが多いと思います。一方、自家菜米という言われ方はまずないと言っていいと思います。これに対してここで自家菜米をもともと農家でない人の「わが家で食べるお米の栽培」と定義しますと、これはまず存在しないとみていいでしょう。しかしそれにしても自家菜米とするのは適当ではないのでしょう。なぜならば「菜」とは副食物、おかずの意味だからです。したがってそれはまず、「自家栽米」と正されなければならないでしょう。そしてここではこれに、もともと農家でない人の「わが家で食べるお米の栽培」と定義することにしましょう。その上で、さてそれでなぜこの世に「自家栽米」は存在しないのでしょうか。

わが家ではどれだけお米を食べるか

　どれだけの田んぼがあればわが家で食べるお米をまかなえますか。『家計調査年報』で調べてみますと、年間１人当たり購入数量は25kgです (2013年〈平成25〉)。ですから夫婦２人の家庭であれば年間２袋 (30kg入り) あれば十分、仮に５人家族であれば、５袋あれば十分ということになります (150kg)。一方、栽培するサイドからみますと、10ａ当たりで16袋 (480kg、８俵) 程度の収量ということにしましょう。逆算しますと、もみ換算率を考慮しても５人家族が消費するお米を確保するためには3.5ａ (35m×10m) の広さの田んぼがあれば十分ということになります。

「自家栽米」は可能か

　この程度の耕作であれば、トラクターも、田植機も、コンバインも要りません。すべて手作業で可能です。耕起も代かきもトラクターがなくても手作業でできます。田植えも、稲刈りも手作業で可能です。乾燥は「はさ架け」でよしとして、精米も近所にあるコイン精米でできます。残るは苗と収穫後の籾摺り (籾から玄米にかえる工程) です。苗は買い求めるとして、問題は籾摺りですが、この作業は近くの大規模農家に任せるのが一番です。

　ということで、大型機械のないことが米づくりのできない理由にはなりません。また、「田んぼがないから」も、「わが家で食べるお米の栽培」ができない理由にはなりません。なぜならば今日では、田んぼを貸してくれる人が周囲にたくさんおられるからです。むしろ問題は、3.5ａの小さな田んぼをさがすのがむずかしいということかもしれません。まわりを見渡せばほとんどの田んぼは圃場整

備されていて、サイズは30 a（30m×100m）とかなり大きいのです。ですからたとえば10人でシェアして作るといった対応が必要になります。もちろん基本となる栽培技術がなければなりません。聞きかじりでもかまいませんし、作りつつ学ぶでもかまいませんが奥深い技術を謙虚に学ぶということがとても大切です。

　まだまだ、自家栽米にとって難度の高い二つのことが残っています。一つは、稲作にとって生命線ともいうべき用水をどう手当てするかという課題です。用水をめぐってのもめごとは、かつてはときとして大事件として歴史書にも登場する「水争い」をも引き起こしたことは周知のところです。今日では用水をめぐってのもめごとが事件として取り扱われるようなことはまずありません。しかし私たちの《通信》にも出てきますが（第5章P.53～58）、稲作にとって用水が生命線であることに変わりなく、それゆえに用水をめぐっての葛藤は今日もなお絶えることなく続いていることでもあります。ですからこのことに対処するためには地域に設置されている土地改良区や農事実行組合等の集落の用水の管理に当たっている水利担当者とのコミュニケーションが必要になります。土地改良区とは、土地改良事業を行うもっとも代表的な組織であり、同時に土地改良施設の維持管理を行っている組織です。開出今の圃場を管轄している土地改良区は彦根市南部土地改良区です。新しく稲作に取り組むということになりますと、当然のことですがその土地改良区の取り決めにしたがって、あるいはまた集落の生産組合等の水利秩序を守って取り組むということでなければなりません。また、必要な水利費等の費用負担も必要になります。

　稲作にかかわらず、地域で農業に取り組むということになりますと、必要となる営農にかかわるさまざまな取り決めにしたがうこと

になります。もう一つの課題は、この取り決め(ここではこれを「集落農政」と呼ぶことにします)にしたがうことです。営農組合に加入する場合には、営農組合費を負担することにもなります。

　以上で明らかなように、自家栽米に取り組むということになりますと、まず田んぼがなければなりません。加えて、作業(農業機械)、先立つ資金、栽培技術、用水の確保、「集落農政」等々の壁をクリアしなければなりません。しかし、あれやこれやの工夫と柔軟な対応が求められますが、結論として言えることは、「自家栽米」はできるということです。肝心なことは、あたりまえのことですが、原点として「やりたい、やり抜く」という強い意思があることです。意思までを加えますと、「自家栽培米」を成り立たせる七つの条件です。その上であえて確認をしておきたいのは、地域に維持されている本隊としての稲作があってこその「自家栽米」だという点です。「自家栽米」はいわばあくまで「コバンザメ」栽培であって、本隊の稲作あっての「自家栽米」です。

「マイ田んぼ」「オーナー制度」という形もあります
　―「可能な限り自ら生産に取り組みましょう」
　　　　という呼びかけについての意味―

　「可能な限り自ら生産に取り組みましょう」と呼びかけて「マイ田んぼ」を提起して「自然農法」に取り組んでいる団体があります。その「マイ田んぼ」の呼びかけに接して私が連想したのは世界最大規模のロシアの自家菜園「ダーチャ」です[注1]。「自家菜園」という概念、そしてその営みはいまや世界的な広がりをもっていると思いますが、世界最強の自家菜園はロシアの「ダーチャ」ではないでしょうか。

ロシアでは市民の多くが「ダーチャ」で主食であるじゃがいもを作り、じゃがいもはほとんどこの自給生産によっているとのことです。ロシアの主要作物の生産の多くは、農業企業、農民経営、住民副業経営によって担われているのですが、統計によりますと、じゃがいもについては住民副業経営によるものが83％にも達しているというのです。日本にも「自家栽米」というものがあっていいと思いました。

　先の宗教団体には「マイ田んぼ」という制度があって、「可能な限り自ら生産に取り組みましょう」と会員に呼びかけて実際に「マイ田んぼ」に取り組んでいます。このことが、消費者でもある会員の米生産に対する理解を深めていて、１俵(60kg)当たり４万円という価格を成り立たせているのだと思います。これに対して、現在のわが国の農政が考えている水田農業の方向は、１万6,000円（米60kg当たり）基準で４割のコスト削減で、9,440円の米価(べいか)でいきましょうという方向のようです。私のような３万円の米価でないと成り立たない稲作経営はどうなるのでしょう。一握りのわが国の稲作のトップランナーといわれる人たちも、輸出だ、海外進出だとテレビでモノ申しております。国中が、「可能な限り自ら生産に取り組みましょう」ということは大切なことだと思います。わが国のような条件のもとでの農業生産の維持は、何よりも国民の理解によって支えられるほかはないのですから。願わくは、「マイ田んぼ」や「オーナー制度」ではぜひとも生産の収支計算まで試みていただきたいと思います。

生活空間や山々と混在してある日本の田んぼ

　アメリカやオーストラリアと競争できる稲作を日本で展開するこ

とは不可能です。産業競争力会議のいうような「コスト4割削減で9,440円の米価」を実現することができたとしても、それでもアメリカやオーストラリアの稲作に勝てるわけではないのです。なぜならば、生活空間と混在してある日本の田んぼ、山々と混在してある日本の田んぼを、アメリカのカリフォルニアやオーストラリアのリートンのような圃場に造り変えること自体が日本の国土を破壊するにひとしいからです。私たちはむしろ、生活空間と混在してある日本の田んぼ、山々と混在してある田んぼを強みとして活かす道こそをさがし求めなければならないのです。

日本農業の比較優位から見えてくるもの

わが国農業の比較劣位としてあげられる点は、規模拡大がむずかしい（気候風土にも基づく制約条件）、発展途上国の低賃金に太刀打ちできない、加えて他の先進諸国との比較において政策環境に恵まれないという点があげられます。

一方、日本農業の比較優位は、再生産可能な水、微生物の宝庫、優れた人材資源等々を有するという点、さらに農地1haで10.5人を養うことのできる世界に誇るべき高い生産力を有しているという点もあげられます（水田）。

さらにもう一点、購買力平価からみれば、正常な円ドルレートは1ドル120円とされる点です。現時点（2015年）での円ドル・レート

写真1　田んぼと集落が混在する日本の農村風景

は限りなく1ドル120円に近いというところにありますが、製造業の海外生産比率がさらに高まり、貿易収支の赤字のさらなる拡大が続くなかでこれがさらに130円、140円と正常な円ドル・レートに移行していくことになります。するとどういうことになるか。これまでのような低価格で農産物を輸入することができなくなるということになるのです。

　さらにもう一点、いまや日本の非遺伝子組み換えの麦・大豆はこれからますます世界の宝物になっていきます。そしてその確保が国民的課題になりつつあるという点もあげられます。このことはあまり知られていないことなのですが、残念ながらわが国の遺伝仕組み換え食品の1人当たり消費量は家畜のエサ用のとうもろこしなどを含めると世界一なのです[注2]。現在、世界で遺伝子組み換え作物の商業生産が認められている作物は、大豆、とうもろこし、ばれいしょ、なたね、アルファルファ、てん菜、パパイア、それに食用作物ではないのですが綿実と8作目に及んでいます(試験的栽培は多くの作物に及んでいます)[注3]。

　モンサント社が日本の遺伝子組み換え食品の消費量を推定しています(以下は、モンサント社のホームページの記述によります)[注4]。

「遺伝子組み換え作物が商品化されているとうもろこし、大豆、なたねについて、それぞれ最大輸入相手国における遺伝子組み換え作物の栽培比率と輸入量(とうもろこし1,620万t[注5]、大豆336万t[注6]、なたね221万t)から計算すると、日本は毎年約1,700万tの遺伝子組み換え作物を、輸入、利用していることが推定されています。遺伝子組み換え作物は、日本の食生活の安定に大きく貢献しています」

　世界における遺伝仕組み換え作物の商業栽培の状況についてみてみますと(2012年現在)、栽培面積1億7,030万ha(世界の農地面積の約

12％)、世界の28ヶ国で栽培(うち先進国8ヶ国が先進工業国で栽培面積割合は48％、発展途上国が20ヶ国で栽培面積割合は52％)、栽培農家戸数1,730万戸となっています。世界における遺伝子組み換え作物の面積割合を作物別にみてみますと、綿実82％、大豆75％、とうもろこし32.4％、なたね26％。ちなみに商業栽培が開始された1996年の栽培面積は170万haですから、この17年間に100倍の拡大ということになります。2014年2月13日、国際アグリバイオ事業団(ISAAA)は、遺伝子組み換え作物の栽培面積が前年から500万ha増加したと発表しています。

しかし残念ながら、現在のところ遺伝子組み換え作物に対しては安全性だけでは闘えません。国際裁判で争ったEUもアメリカに負けています(ただしEUは負けても輸入禁止を貫いています)。安全を主張するアメリカが毎日食に供することを理由に遺伝子組み換え小麦の生産だけは禁止しているというのもおかしな話ではあります。ですから遺伝子組み換え作物に対しては、さらに生態系、環境の問題として闘うこと、そして何よりも種子の独占に対して闘わなければなりません。

しかし日本の消費者も偉大です。遺伝子組み換え食品の消費世界一の日本ですが、国民のこれに対する抵抗はきわめて強く、わが国では上記の八つの作物についてまったく商業生産を許していないのです。法制度で禁止しているわけでもないのに、です。このことはやはりすばらしいことと思います。

さらにもう一点、混住化社会、地域で多くの消費者とともに住み、くらしているという他国にないわが国農業が有している決定的な強味をあげておかなければなりません。そこから出てくる答えは、徹底的に地域と結びつく、消費者と結びつく、直売所、市民農園、

自然再生エネルギーの掘り起こし等々あらゆる手を尽くして結びつく。安心・安全、品質、新鮮、環境保全、やさしい気持ちまでを付け加えて結びつく。私たちには、そういう地域とともにある「いのちはぐくむ農業」、非遺伝子組み換えで、食育・地産地消の農業、地域資源を活かす農業、安全性基準もきびしく、品質の管理水準も高い、高品質の農産物を供給する能力を備えている世界に誇れる立派なわが国の農業があることにまず確信をもたなければなりません。

そればかりではありません。国連の食糧農業機関(FAO)が2002年(平成14)に始めた世界農業遺産制度がありますが(FAOが認証する次世代に継承すべき農法や景観、文化、生物の多様性などを有する農業生産のシステムで、現在、世界で13ヶ国31地域が認定されています)、先進国の中で認定されている地域をもつのは日本だけです。石川県の能登の里山・里海、新潟県佐渡のトキと暮らす郷づくり、静岡県の掛川地域の茶草場農法、大分県国東半島の宇佐地域のクヌギ林とため池群による資源の循環、熊本県阿蘇地域の草原の維持と持続的農業の5地域が認定されています。世界の31地域のうち5地域を日本が占めているのです(16％)。食料、農業のみならず、世界に誇れる立派なわが国の農村があることにも確信をもたなければなりません。

牙をむき出して地産地消や学校給食にまで襲いかかってくるTPP(太平洋経済連携協定)の第7分野、ISD条項(投資家と国家の紛争処理条項)を跳ね返す力の源泉がそこにあります。

注1) 「家庭菜園のある郊外の家」で平均的な「ダーチャ」の土地面積は平均6a（30m×20mの広さ）とされています。豊田菜穂子（2013）『ダーチャで過ごす緑の週末』WAVE出版,24-25pp.
注2) 遺伝子組み換え食品とは、他の生物から有用な性質をもつ遺伝子を取り出し、その性質をもたせたい植物などに組み込む技術（遺伝子組み換え技術）を利用してつくられた食品。遺伝子組み換え技術を使って品種改良された農作物を遺

伝子組み換え農作物といい、その遺伝子組み換え農作物を原材料として製造された加工食品の両方を遺伝子組み換え食品といいます。

現在実用化されている遺伝子組み換え作物で主流となっているのは、特定の除草剤の影響を受けない除草剤耐性作物と、殺虫剤を使用しなくても害虫を防ぐことができる害虫抵抗作物の2種類ですが、他に、ウイルスに抵抗性をもつ作物や（ウイルス抵抗性作物）、特定の栄養成分を増やした作物（特定の栄養成分を増やした作物）もすでに実用化されています。

注3）絶対量で世界一は、これも家畜のエサ用を含めて大豆を5,839万t輸入している中国です（2012年）。輸入先はアメリカとブラジルで8割を占めています。なたねの輸入も増えていて、2012年には293万tに及んでいます。したがいまして、消費量の絶対量の世界一はダントツで中国ということになります。

注4）わが国が輸入する穀物（とうもろこし、小麦）、油糧作物（大豆、なたね等）毎年約3,100万tのうち1,700万tが遺伝子組み換え作物（54.8％）と推定されています。

注5）とうもろこし1,620万tのうち1,200万tは家畜のエサ用です。

注6）大豆336万tの多くは食用油用。この統計に上がらない大豆かすが家畜のエサ用に輸入されています。

7 あとがき

―希望の記録、お世話になったみなさんへ―

冒険の記録、絶望の記録、驚きの記録、そして希望の記録

　このブックレットの出版の話を持ち込んでいただいたときには、何年にもわたって書き溜められた栽培日誌ともいうべき《通信》なるものがあるらしいから、それをもとにして開出今教育研究圃場プロジェクトの取り組んできた「いのちはぐくむ農法」の栽培記録としてとりまとめてみませんかということであったように記憶しています。最初の話し合いが、2013年(平成25) 12月19日のことであったと思います。正直言って《通信》なんてものはそんな面白いものではありませんよと思いました。《通信》は、まるで愚痴の記録、絶望の記録、そして驚きの記録みたいなものであって、それを50人ほどのお知り合いの方々、そしてこの後に出てくる協力者のみなさんにお届けしただけのものです。まあしかしそれが、こうしてまとめてみますと8年間に291通にも及ぶものになったというわけです（《通信》第1号の発行は2007年〈平成19〉5月10日でした）。

　しかしそれだけではせっかくのブックレットが、まるで「背骨のないくらげ」みたいなものになってしまいますので、2013年3月に退官された富岡昌雄先生の以下の文献を下敷きにして取りまとめてみました。

小池恒男「通年湛水・不耕起稲作のねらいと課題」、富岡昌雄『水田農業における地球温暖化防止策の展開方向と農業環境政策の発展に関する研究』滋賀県立大学環境共生システム研究センター、2013年3月。

表1　8年間における《通信》発行数

年産	2007	2008	2009	2010	2011	2012	2013	2014	合計
発行回数	27	35	35	38	34	38	46	38	291

お世話になったみなさんへ

　お読みになっておわかりのように、何の紹介もなしに文中にいきなり人物名が登場してみなさんを面食らわせたことと思います。最後になりましたが、お礼を込めて登場人物の紹介をさせていただきます。

　まず、滋賀県立大学大学院に社会人入学された彦根の中江研介さん（2007年4月大学院修士課程入学、2015年4月現在なお博士課程に在学、73歳）、田んぼの近くに住んで、農作業に加わり、何よりも「博士たちのエコライス」の販売拡大に取り組み、遠方に住む私の手の届かぬところを良き相方となって補っていただきました。

　取り組み開始時から今日に至るまで助言と励ましをいただき、2008年からは乾燥酵素魚粉を提供していただくことになった野洲の「サン愛ブレンド」の森田清和さん。勝手な注文ばかりを突きつけて、提供のみならずしばしば撒布作業までを強要してしまい申し訳ない限りです。

　地元開出今在住の辻哲さんには元肥撒布から浅起こし、代かきから田植え、畦畔草刈りと大半の作業を引き受けていただきました（紙マルチ田植えに切り換え後は4作業）。そればかりでなく、遠方に住む私を補って用水管理にあたっていただくとともに、折々の対応に

ついてアドバイスをいただきました。

　当時、なお滋賀県下では得がたかったヒノヒカリの育苗にあたっていただいたのは東近江市大中町の藤田欽司さんでした。年々奥さんと２人で大中と開出今の間を何往復もしていただいて苗を届けていただきました。

　彦根の新海の安居助廣さんと息子さんには一貫して刈り取り、乾燥、調製、琵琶倉庫に切り換えるまでは貯蔵、精米までも押し付けて甘えてきました。

　2012年（平成24）から紙マルチ田植えに切り換え後の田植え作業は、多賀町木曽の西澤義雄さん、土田集落の土田勇さんには補助要員ともども駆けつけていただいて対応していただきました。多賀町木曽と土田の二つの集落の営農組合の皆さんにとっては、ホントに降って湧いた災難のようなことではなかったかと思っております。

　普及員だった田中良典さん（2013年３月に退職）は、ひそかに田んぼを見回りに来ていただいて、適切な助言をいただきました。そして畦畔ぎわの雑草退治に駆り出されて炎天下で辛抱強く働き続けてくれたわが娘の小池悠紀子さん。

　絶望の淵に立たされていた私どもを尻目に、2006年から2007年にかけて、短期間に圃場整備を完成させていただいた開出今の「遠崎工業」の遠崎眞治さん、2012年に中断を余儀なくされるまで、やれ親ぶなだ、やれ稚魚だ、やれ卵だと押しかけて迷惑をおかけした長浜市湖北町の尾上の「松岡水産」の松岡正富さん、2010年産米からお米の貯蔵でお世話になることになった「琵琶倉庫」さん、意見交換やたくさんの経験談を聞かせていただいた「農を変えたい近江の会」のみなさん、話し上手の皆さんで聞いていただいて元気をいただいたNPO法人「地域に根ざした食・農の再生フォーラム」のみ

なさん、当初から取り扱いをいただいた「ふるさと産直ネット京都」の上原実さん、奈良の大和郡山の入口壽子さん、そしてまた、「博士たちのエコライス」を定期的に購入していただいている50名の消費者のみなさん、2013年から取り引きを開始していただいた大阪の千早赤阪村の安心な食べ物ネットワーク「オルター」のみなさん、鈴木会長、細川さんをはじめとする米・食味鑑定士協会のみなさんには側面からの多くの支援をいただきました。

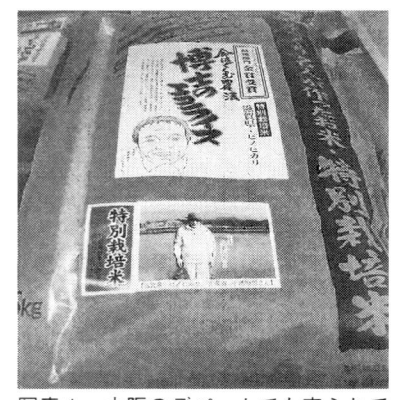

写真1　大阪のデパートでも売られていた「博士のエコライス」（撮影時は「博士の〜」表記）

　用水のことではしばしば無理難題をぶつけることになってしまいましたが大きな構えで応えていただきました彦根市開出今自治会ならびに農政部のみなさん、滋賀県立大学の増田佳昭先生、須戸幹先生には学生を引き連れてのご参加で大助かりさせていただきました。2007年の当初の《通信》に記録されているように、初期の立ち上げ時には大学の圃場実験施設の職員のみなさんにも大変お世話になりました。滋賀県立大学生協のみなさん、卒業生を含めた学生のみなさんには、労働提供とお米の購入の両面で支援をいただきました。それに、最後になりましたが、「博士たちのエコライス」の命名者である森(旧姓：武田)智子さん。

　思いがけずにこのブックレットの出版の話を持ち込んでくださった岩根治美さん、そしてその編集を担当していただくことになった迫間加奈子さん、矢島潤さん。そしてこの人がいなかったら途中で

出版の話は立ち消えになったのではないかと思うのですが、そのときに手を差し伸べてお導きいただきました滋賀県立大学の倉茂好匡先生。

　みなさん、本当にありがとうございました。こうやって数え上げてみますと、本当に何百人という方々にお世話になってきたんだなと驚きます。何百人という人々に支えられてあった8年間、そして2.40haの田んぼ。それこそまさに、たった2.40haの田んぼ、されど偉大なる2.40haの田んぼ、と心から思います。

　われながら驚くほかないのですが、驚くべきはこれらの支援のネットワークのすべてが泥縄式につくられてきたということです。思えば、それもこれも、手を差し伸べずにいられなくなるような、あわれな欠陥だらけの私ゆえのことであったろうと改めて今さらのように思うのです。感謝、感謝、感謝……です。感謝、感謝といいながら、よくぞまあ大迷惑を撒き散らしてきたものだと、ただただ恐縮の至りです。

■著者略歴

小池恒男（こいけ つねお）

1941年（昭和16）、東京生まれ、長野県出身。1967年（昭和42）、京都大学大学院農学研究科修士課程修了。1982年（昭和57）、京都大学農学博士の学位を授与。1995年（平成7）、滋賀県立大学教授に任命。2007年（平成19）、滋賀県立大学環境科学部を定年退職。2007年（平成19）、滋賀県立大学名誉教授。2007年（平成19）、㈳農業開発研修センター副会長理事に就任。2011年（平成23）、同会長理事に就任、現在に至る。

2000年以降の代表的な著書

『協同組合のコーポレート・ガバナンス』（編著、家の光協会、2000年）
『環境保全と企業経営』（共著、東洋経済新報社、2002年）
『米政策の大転換』（共著、農林統計協会、2004年）
『農協の存在意義と新しい展開方向―他律的改革への決別と新提言―』（編著、昭和堂、2008年）
『日本農業と農政の新しい展開方向―財界農政への決別と新戦略―』（共著、昭和堂、2008年）
『米はどう変わった、どう変わる』（単著、筑波書房、2010年）
『集落営農の再編と水田農業の担い手』（編著、筑波書房、2011年）
『キーワードで読み解く現代農業と食料・環境』（編著、昭和堂、2011年）
『地域からはじまる日本農業「再生」』（単著、家の光協会、2012年5月）

滋賀県立大学 環境ブックレット8

博士たちのエコライス
いのちはぐくむ農法で米作り！

2015年7月30日　第1版第1刷発行

著者 ……………… 小池恒男

企画 ……………… 滋賀県立大学環境フィールドワーク研究会
　　　　　　　　　〒522-8533 滋賀県彦根市八坂町2500
　　　　　　　　　tel 0749-28-8301　fax 0749-28-8477

発行 ……………… サンライズ出版
　　　　　　　　　〒522-0004 滋賀県彦根市鳥居本町655-1
　　　　　　　　　tel 0749-22-0627　fax 0749-23-7720

印刷・製本 ……… サンライズ出版

© Koike Tsuneo 2015　Printed in Japan
ISBN978-4-88325-572-6 C0361
定価は表紙に表示してあります

刊行に寄せて

　滋賀県立大学環境科学部では、1995年の開学以来、環境教育や環境研究におけるフィールドワーク(FW)の重要性に注目し、これを積極的にカリキュラムに取り入れてきました。FWでは、自然環境として特性をもった場所や地域の人々の暮らしの場、あるいは環境問題の発生している現場など野外のさまざまな場所にでかけています。その現場では、五感をとおして対象の性格を把握しつつ、資料を収集したり、関係者から直接話を伺うといった行為を通じて実践のなかで知を鍛えてきました。

　私たちが環境FWという形で進めてきた教育や研究の特色は、県内外の高校や大学などの教育関係者だけでなく、行政やNPO、市民各層にも知られるようになってきました。それとともに、こうした成果を形あるものにして、さらに広い人々が活用できるようにしてほしいという希望が寄せられています。そこで、これまで私たちが教育や研究で用いてきた素材をまとめ、ブックレットの形で刊行することによってこうした期待に応えたいと考えました。

　このブックレットでは、FWを実施していく方法や実施過程で必要となる参考資料を刊行するほか、FWでとりあげたテーマをより掘り下げて紹介したり、FWを通して得た新たな資料や知見をまとめて公表していきます。学生と教員は、FWで県内各地へでかけ、そこで新たな地域の姿を発見するという経験をしてきましたが、その経験で得た感動や知見をより広い方々と共有していきたいと考えています。さらに、環境をめぐるホットな話題や教育・研究を通して考えてきたことなどを、ブックレットという形で刊行していきます。

　環境FWは、教員が一方的に学生に知識を伝達するという方式ではなく、現場での経験を共有しつつ、対話を通して相互に学ぶというところに特色があります。このブックレットも、こうしたFWの特徴を引き継ぎ、読者との双方向での対話を重視していく方針です。読者の皆さんの反応や意見に耳を傾け、それを反芻することを通して、新たな形でブックレットに反映していきたいと考えています。

　　2009年9月

　　　　　　　　　　　滋賀県立大学環境フィールドワーク研究会

好評既刊

滋賀県立大学環境ブックレット1
琵琶湖のゴミ
取っても取っても取りきれない
倉茂好匡 著　　　　　　　　　　　　本体800円＋税

　総延長300mの湖岸に5ヶ月で5万個ものゴミが漂着。最も多いゴミは何か。湖上や湖底にも大量にあるのか。漂着ゴミを毎日調査した結果、見えてきたものとは。湖岸清掃では解決しないゴミ問題を平易に語る。

滋賀県立大学環境ブックレット4
環境と人間
生態学的であることについて
迫田正美 著　　　　　　　　　　　　本体800円＋税

　「環境と人間」のありうべき関係とは？　現代の生活行為にふさわしい新たな生活景を発見し、創造するために、基本的な論点をいくつか提示する。

滋賀県立大学環境ブックレット5
環境科学を学ぶ学生のための
科学的和文作文法入門
倉茂好匡 著　　　　　　　　　　　　本体800円＋税

　自分の文章の、どこが、なぜダメなのか？　「論文の書き方」についての本を読む前に、初歩の初歩を学ぶためのビギナー向け入門書。

滋賀県立大学環境ブックレット6
昔ここは内湖やったんよ
記憶に残る小中の湖と人々の営み
松尾さかえ・井手慎司 著　　　　　　本体800円＋税

　干拓される前の「小中の湖」とはどのような湖だったのか。当時の様子を知る周辺集落の古老に聴き取り調査を行った結果を基に、かつての姿を浮かび上がらせる。

滋賀県立大学環境ブックレット7
フィールドワーク心得帖　新版
滋賀県立大学環境フィールドワーク研究会 編
　　　　　　　　　　　　　　　　　　本体1,000円＋税

　実地調査で必要なことは？　ものの見方や服装、荒天時の対処法、資料収集やインタビュー・レポートのコツは？　スライドの作り方や聞き手に伝わる話し方など、プレゼンテーションのコツまで伝授する。大好評の新版。